身近に潜む危険な有機フッ素化合物

水が危ない！
消えない化学物質
「PFAS」
から命を守る方法

原田浩二
京都大学大学院医学研究科准教授

河出書房新社

はじめに

あなたの暮らしの中にＰＦＡＳが潜んでいるかもしれないって、知っていましたか？

あなたが普段飲んでいる水、それって大丈夫でしょうか？

自宅の蛇口をひねって出てくる水道水や井戸水の、ひょっとすると一部には発がん性のある化学物質ＰＦＡＳ（ピーファス）が混入していて、人体にとって危険性のある水を、知らず知らずに飲んでいたかもしれません。

と、冒頭から物騒な話をしますが、これはもう空事《そらごと》ではないのです。目には見えませんがＰＦＡＳがいつの間にか私たちの暮らしの間近まで迫っており……いやむしろ、すでに暮らしの中でＰＦＡＳに囲まれていると言ってもよいかもしれません。

では、このＰＦＡＳとは一体なんなのでしょうか？

大まかに言えば**「有機フッ素化合物」のことで、化学的には非常に安定していて壊れにくい。**よって、安定であるということで**他の薬品や、熱にも日光にも強い性質があります。**

身の回りを見回してみると、**「水を弾く」「焦げつかない」「油がにじまない」**とうたった製品があったりしませんか？　たとえば、はっ水効果のあるレインコートやコート、ジャケットは雨に濡れても水玉になって落ちたりします。多くの場合、それは表面に、有機フッ素化合物でつくったフッ素樹脂の加工が施されているから、服自体に浸み込んだりしないのです。スキーウェアが、雪がついても手ではたけばすぐに落ちるのもフッ素樹脂加工がされているお陰です。

カーペットやテーブルクロス、それにランチョンマットなどは買ったばかりの新品だと、なにか液体をこぼしたとしても浸み込まずに、液体が丸くなって浮いたりします。これもフッ素樹脂加工の効果です。

キッチン用品で**「焦げつかない」と言えば、フライパン。**そんなフライパンはたいてい「テフロン」加工されていますが、テフロンはデュポン社の商標の一つで、その実態はフッ素樹脂加工のことです。最終加工された製品にはあまり残っていないとされますが、製造段階で多くのＰＦＡＳが使われています。

それから、ファストフード店に行ってハンバーガーやフライドポテトを注文すると、包装紙や紙カップに包まれて出てきますよね。そのまま持って食べても手が油でべたついたりしません。というのも、この包装紙の表面にはＰＦＡＳを使ったはつ油加工がされているので、油がにじみ出ないのです。コンビニで揚げ物を買ったときに添えられる袋も同様でしょう。

気がつけば、私たちの暮らしはＰＦＡＳ製品だらけと言ってもいいのです。それだけ便利で使い勝手もいい化学物質として、暮らしのあらゆるところで重宝されてきたのです。ただ、壊れにくいということは、裏を返せば分解しにくいということでもあります。自然界では分解されることもなく長期にわたって残ってしまうという「問題」を抱えています。そんなことから、ＰＦＡＳは**「永遠に消えない化学物質」**（「永遠の化学物質」、「Forever Chemicals」）とも言われています。

日々の暮らしで、なにかの弾みでＰＦＡＳが製品からはがれ落ちることがあります。そんなＰＦＡＳが家庭の排水から流れ出ると、川や海に流れ込み、どんどん自然界に広がっていきます。やがて、川や海で暮らすサカナなどが口にしたり、エラから摂り込んだりすることになり、それが回りまわって私たち人間の口に入ってくることにもなるのです。また、川の水は水道水として使われるので、水道水にも混じることになるし、土壌中に残ればゆっくりと地下水に浸み出して、井戸水を汚染することにもつながっていきます。

そもそも多くのＰＦＡＳは環境中では薄く広がり、ある一定の大きさの塊になっていないので、目に見えないし、臭いもしません。だから、知らず知らずのうちに私たちの身体の中に侵入しているかもしれないのです。

厄介なことに、**いくつかのＰＦＡＳは一度摂り込まれると身体の血液成分にくっつ**

きやすく、なかなか外に排出されません。いつの間にか身体の中に蓄積されていき、それが私たちの健康に影響があるのではないかと言われています。

実際、２０２３年11月にはインパクトのある発表がありました。**ＷＨＯ（世界保健機関）の専門機関である国際がん研究機関（ＩＡＲＣ）が、ＰＦＡＳの一種であるＰＦＯＡ（ピーフォア）の発がん性を「可能性がある」から2段階引き上げ、「発がん性がある」と分類したのです。**発がん性の可能性は以前から指摘されていましたが、発がんにつながるメカニズムが確かであると専門機関が評価したわけです。

このほか、脂質異常症や甲状腺ホルモンへの影響、子どもの出生体重の低下傾向、それに免疫力が低下して感染症にかかりやすいといった健康への影響が、ＰＦＡＳの調査や研究から報告されています。ただ、その全体像はまだまだわかっていない状況で、今後さらに新たなリスクが明らかになるかもしれません。

私は２００２年から京都大学でＰＦＡＳの研究に携わり、近年では国内各地の市民団体とも協力しながらＰＦＡＳ汚染の調査を進めています。そうした研究でわかってきたのは、ＰＦＡＳ問題は過去の公害や環境問題とは大きく違っているということです。たとえば、水俣病やイタイイタイ病は発生場所や汚染源が明らかでしたし、大気汚染も東京や大阪、名古屋などの大都市やコンビナートが発生場所となっていました。

対して**ＰＦＡＳは、様々な用途で使用され、水道水や井戸水を汚染するので、影響が広範囲に及ぶ可能性があります。また発生場所や汚染源も典型的な事例があるものの、多岐にわたる場合もあります。**まったく別の地域、山奥や農地しかないところからでも検出されることもあり、今もどこかで汚染が進行中かもしれません。

実態がなかなか把握できないところに、問題の厄介さと根深さを感じています。

本書では、そうしたＰＦＡＳをまずはみなさんに知ってもらい、自分事として考えてもらおうと、Ｐａｒｔ１でＰＦＡＳの性質や使用の歴史を説明するとともに、海外および日本での汚染状況、それに対する各国の対策などを紹介します。

Ｐａｒｔ２では、ＰＦＡＳが私たちの健康にどのような影響を及ぼすのか、世界各地で進められている調査や研究のデータを盛り込んで、その健康へのリスクを解説していきます。その上で、どうしたらＰＦＡＳからの影響を減らすことができるのか。Ｐａｒｔ３では今できる手段や対策法をお伝えしていきます。

また、Ｐａｒｔ４では、ＰＦＡＳが高濃度で検出された地域の方々がどのように対策に取り組んでいるかを紹介していきます。

ＰＦＡＳの環境汚染は徐々に明らかになってその危機感が高まっていますが、わかってきたのはまだほんの一部にすぎないでしょう。さらに、日本の政府や自治体のＰＦＡＳ対策は、米国、欧州と比べると遅れています。国や自治体の取り組みを待っているだけではなく、自分の身を守り、社会を変えていくために、まずは自らＰＦＡＳを知りアクションしていくことが大切だと私は考えています。

原田浩二

Contents

Part 3 生活の中のＰＦＡＳを知り、選択肢を持つ

Part

1

PFASを知る

ＰＦＡＳとはなにか、まずは、その正体を明らかにしよう

ＰＦＡＳ（ピーファス）、音だけ聞いているとなにやらかわいらしい響きですが、正式に書くと**P**er-and poly**F**luoro**A**lkyl Substancesで、和名が「ペル／ポリフルオロアルキル物質」となります。その略称でＰＦＡＳと表記され、「ピーファス」と呼ばれています。**「有機フッ素化合物」**と呼ばれることもあります。

世の中の物質はすべて有機物と無機物に分類することができ、有機物は炭素に水素や酸素、窒素が結びついている化合物です。燃やすと黒く焦げて炭になり、二酸化炭素を発生する性質があります。一方、無機物は炭素を含まない物質で、燃やしても二

酸化炭素を発生しません。鉄や銅などの金属や水、塩などがそうです。

有機フッ素化合物とは**有機物の水素がフッ素に置き換わったもので、自然界にはほとんど存在しなかった人工的につくり出された化学物質**になります。炭素の数や、つながり方によって、様々な種類の有機フッ素化合物をつくることができます。ＰＦＡＳはそうした有機フッ素化合物のうち、特にフッ素の数が多い物質の総称です。

ＰＦＡＳ関連の新聞記事やＴＶニュースを見ると、**ＰＦＯＳ**（ピーフォス、ペルフルオロオクタンスルホン酸）や**ＰＦＯＡ**（ピーフォア、ペルフルオロオクタン酸）という同じような響きの言葉がよく出てきます。なんともまぎらわしい感じですが、いずれもＰＦＡＳに含まれる物質の一種です。この２つは産業界での使用量が特に多く、これらが関わった環境汚染が最初に注目されたことで、頻繁に登場するようになっています。

ただ、他にもたくさんのＰＦＡＳが製造され、実際に使われています。たとえば、

ＰＦＯＳとＰＦＯＡの使用が禁止されると、その代替品として別種のＰＦＡＳがつくられたりもしています。数にすると、少なくとも４７００種類ぐらいはあるのではないかと言われていますが、有機物なので、理論上はどんな組み合わせも可能です。正直な話、無限にあると言ってもいいかもしれません。ＰＦＯＳやＰＦＯＡで環境汚染の影響が出たなら、他の形や構造が似ているＰＦＡＳでも量によって似たような影響が出るのではないかと見られています。

ちょっとやそっとでは壊れにくい化学物質が重宝された

炭素とフッ素が多く結びつくと、固く結合して非常に壊れにくくなります。つまり、ＰＦＡＳは化学的には安定していて、壊れにくい性質があるのです。こうしたＰＦＡＳを加えた素材は水や油を弾いたり、熱にも薬品にも強かったりします。ＰＦＡＳは１９４０年代に開発されてからというもの、機能的で便利なものとして注目を集め、その特性を生かした様々な製品がつくられてきました。

まず、フッ素樹脂の製造時の加工補助剤として使われ、そうしたフッ素樹脂を生地にコーティングした衣料品は水を弾く「はっ水効果」があります。レインコートやスキーウェアなどがその代表例でしょう。

服や靴などに雨や泥がつかないように塗布する防水スプレーもフッ素樹脂が主成分となっているものが多いです。インテリアではテーブルクロスやランチョンマット、それにカーペットにも使われています。新品であれば、液体をこぼしても水玉になって弾いてくれる。なんとも便利に使えます。

はっ水作用は実は化粧品にも用いられ、化粧くずれを防ぐファンデーションやマニキュア、口紅、日焼け止めなどに使われてきました。

一方、油を弾く「はつ油作用」は油汚れを簡単に落とせることから、衣料品、クルマなどのコーティング素材に用いられ、また、キッチン用品では、フッ素樹脂を表面に加工したフライパンが、「水や油を弾き、焦げつきにくい」と人気を集めています。シリコン樹脂も水を弾く作用がありますが、さすがに油までは弾きません。水も油も弾くのはフッ素樹脂ならではと言えます。

油がにじみ出ない点では、ファストフード店やコンビニでも使われています。ハンバーガーやフライドポテトといった揚げ物などの包装紙は、耐油性食品包装紙と言いますが、その加工にはＰＦＡＳがよく使用されています。包装紙を触っても手が油でベトベトにならずに、快適にハンバーガーをほおばることができます。

こう挙げていくと、「便利」「使い勝手がいい」とされる、いわば家庭で人気の製品の多くにはＰＦＡＳが関わっているのです。**フッ素樹脂でなくても、製造の段階でＰＦＡＳが使われている場合もある**ので、そうなると知らず知らずに使っていることにもなります。

私は家庭内で発生するハウスダストを調査・分析することもあるのですが、そうするとたいていの家から多かれ少なかれＰＦＡＳが検出されます。普段、なにげなく使っているものからＰＦＡＳがはがれ落ち、それがハウスダストに混じっていると考えると、家の中はひょっとするとＰＦＡＳだらけ。気がつくと、私たちはＰＦＡＳに囲まれて暮らしているのかもしれません。

４７００種類もあるＰＦＡＳだけに、自分がどれだけＰＦＡＳに囲まれているのか、わからないというのが実情でしょう。なお、どんな製品にＰＦＡＳが使われているかについては、詳しくはＰａｒｔ３で触れることにします。

基地や街中の立体駐車場にある泡消火剤もＰＦＡＳ

身の回りだけではありません。産業用途でも幅広く使われています。パソコンをはじめ、スマートフォンやテレビ、洗濯機、クルマなどに欠かせない材料である半導体。その半導体の製造工程でもＰＦＡＳは不可欠な化学物質になっています。

24年1月、羽田空港で日航機と海上保安庁の航空機が衝突し、機体が炎上した模様をテレビで見た人も多いでしょう。あのときの消火に使われた泡消火剤も、以前はＰＦＡＳの主要物質であるＰＦＯＳが使用されてきました。

泡消火剤は大量の泡を噴出し、その泡が火を包んで酸素を遮断することで消火させる仕組みです。60年代に米国で開発され、米海軍などの採用を皮切りに、事故による大火災が想定される基地や空港、石油コンビナートなどに設置されています。２０１０年からＰＦＯＳを含む泡消火剤は新規に製造されていませんが、それ以前につくられたＰＦＯＳ入りの泡消火剤が世の中に多く残っています。

身近なところでは、街中でよく見かける立体駐車場でも、クルマによる火災を防ぐ消火設備として、泡消火剤が導入されています。大規模なところでは、泡消火剤の設置が義務づけられてもいます。

問題なのは、**民間の場合、駐車場の管理費などは潤沢ではなく、ＰＦＯＳ入りの古い泡消火剤がそのまま「在庫」として残っているケースが目につくことです。**

みなさんは建物や道路が泡だらけになったというニュースを見たことがありませんか？　あれは、立体駐車場の消火設備が火災でもないのになにか誤作動を起こして、泡消火剤が漏れ出した事故です。おそらくＰＦＯＳを含んだ泡消火剤も含まれているのではないかと思われます。そうした事故が全国で相次いでいます。

流出事故に関しては応急措置と都道府県知事に届出をしなければいけませんが、流出自体に罰則がなく、都道府県知事による応急措置命令がなければ処分する義務もないので、駐車場側は漏れ出た泡のほとんどをそのまま下水に流していることが多いのです。泡に混じったＰＦＯＳなどがそのまま垂れ流しになっているわけです。

ＰＦＡＳは自然界では分解されない「永遠に消えない化学物質」

多くの有機物は、落ち葉や生ごみのように微生物に食べられ、最終的に水と二酸化炭素に分解されて自然の中を循環していきます。ところが、ＰＦＡＳは壊れにくさが仇《あだ》となって、**自然界では分解されずにいつまでも残り続ける「難分解性」が指摘されています。**

化学物質でも揮発性があれば、空気中に蒸発していきます。すると、太陽光に当たって、徐々に分解されるという経過をたどります。太陽の光は意外にエネルギーがあるので、どんな化学物質でも部分的に壊れやすくなりがちです。

しかしながら、ＰＦＡＳは水や土壌の中に入り込む傾向があるので、太陽の光が届きにくいところに残ります。水も浅いところなら太陽光が届きますが、深くなると期待できないわけで、有機物を分解する自然のメカニズムが働かないのです。

それでは、人間の手で壊せばいいと思われるでしょう。ある程度の大きさの塊になっていれば、強い化学処理をしたり、高温（１０００度以上）で燃焼させたりすれば、有機物なのでなんとか処分できると思われます。ところが、そうした塊として常にあるわけではありません。どちらかというと、目に見えない、かなり細かな状態で環境中に広がっていきます。

たとえば、前に触れた泡消火剤の漏出事故。立体駐車場だけでなく、基地や空港などからの漏出も起こっていて、漏れ出た泡はＰＦＡＳを含んだまま、下水や水路に流れ、川や海に流れていきます。

また、家庭で使っていた製品からＰＦＡＳがはがれると、排水とともにやはり川や海に流れ込んでいきます。土壌中に残れば、ゆっくりと地下水に浸み出し、それも川や海につながって汚染していきます。

そうして一度広がってしまったものをかき集めるのは、現段階では技術もなく不可能な話です。そのため、ＰＦＡＳは使えば使うほど自然界に広がり、分解せず、処理もできないのでそのまま溜まり続ける。これを**「環境残留性」**と言います。そして、環境に残ることで地球規模の汚染を引き起こすという悪循環に陥っているわけです。

目に見えないし臭いもしないので、知らず知らずに口にしている

さらに問題なのは、川や海に蓄積されたＰＦＡＳはサカナなどにも入り込むこと。サカナたちの中でも分解することなく残り続けたとすると、食物連鎖を考えれば最終的に人間がそんなサカナたちを食べることになり、知らぬうちに自分の身体に摂り込んでしまうことになります。ＰＦＯＳなどのＰＦＡＳはその傾向が強いとされます。

加えて、川の汚染で水道水に、土壌の汚染で井戸水にもＰＦＡＳは混入することにもなり、目に見えない、臭いもしないＰＦＡＳを私たちは普段、知らず知らずに口にしているかもしれないのです。

いずれにしても、最終的には人間そのものに影響を及ぼしかねない「永遠に消えない化学物質」であるからこそ、ＰＦＡＳが今、世界的な環境問題になっているのです。

ＰＦＡＳを誕生させた米国で発端となった「ＰＦＡＳ問題」人体への有害性も次第に明らかに

２０００年、米国ミネソタ州に本社を構える世界的な化学メーカーである３Ｍ（スリーエム）が、自社で製造するＰＦＡＳの主要物質であるＰＦＯＳとＰＦＯＡの製造を02年までに自主的に中止すると発表しました。それまでＰＦＡＳのことがメディアなどで大きく取り上げられることはなかったので、研究者も含めて多くの人にとっては「ＰＦＯＳとＰＦＯＡって、なに？」という感じでした。

３Ｍはそもそも１９４８年にＰＦＡＳを初めて商業的に開発した、いわば生みの親です。ＰＦＡＳを原料として様々な製品を製造して世界中で販売し、年間数百億円の売り上げを稼いでいました。

その巨大メーカーがいきなり主力製品の廃止を公にしたのです。世界の産業界にとって、これまで便利な素材として積極的に使っていたものが突然、使えなくなる。「これは大変だ」と騒然となり、これをきっかけにＰＦＡＳに関わる問題、いわゆる「ＰＦＡＳ問題」が世の中の表舞台に現われ、社会的な問題として関心を集めるようになりました。40年代の製造開始から50年経って、ようやくその正体とそこに潜む危険性が明らかになったわけです。

実は80年代の終わりごろから、ＰＦＡＳが実験動物たちに影響を及ぼすか、という研究が米国でされていました。ただ、研究者の多くは当時、環境問題にまで発展するとは考えていませんでした。

90年代に入り、ＰＦＡＳが環境に残り続ける環境残留性が研究者から指摘され、学術雑誌ではそれを解説する記事を載せていましたが、さほど世間で注目されなかったのです。やはり、３Ｍの製造中止の発表が世界に大きなインパクトを与えました。

動物や人体の中でも蓄積しやすい「生物蓄積性」が判明

３Ｍ自身もＰＦＡＳの危険性に早い時期から気がついていたようです。90年代には、すでに世界各地の海に棲む動物の血液や肝臓を分析すると、ＰＦＡＳが検出されることを認識していました。

ＰＦＡＳがどのような影響を及ぼすのか、動物実験や工場の従業員を調査した研究で、動物や人体に蓄積しやすい**「生物蓄積性」**が徐々に指摘され始めたのです。他の蓄積性の高い化学物質ですと、**人体に摂り込まれると脂肪に溶けやすいのですが、水に溶けやすいＰＦＡＳは血液や肝臓に多く存在する**と言われています。

血液に異物が多く含まれると、腎臓がきれいにしようと尿として外に排出するようになっています。ところが、ＰＦＯＳなどのＰＦＡＳはわずかな量しか排出されず、血液中に長く残り続けます。一部の研究では、ＰＦＡＳ摂取をやめても半分の量になるには5年かかると言われ、「半減期」が長いとされています。

ただし、これはあくまでも摂取量が「ゼロになったら」という条件なので、日々の生活で摂取が続くとなれば、そのまま体内に残ります。

こうした環境残留性や生物蓄積性について認識していた３Ｍは、このまま製造を続けると経営上のリスクになると判断してＰＦＯＳとＰＦＯＡの製造中止に踏み切ったわけです。

ただ、そうした蓄積が人体に悪影響を及ぼす有害性までは認めていませんでした。しかし、その後工場周辺の住民や行政などから集団訴訟を起こされ、24年4月に１０3億ドル（約１兆４８００億円）の賠償金を支払う和解案が裁判所に承認されました。

このほか、３Ｍは25年までにすべてのＰＦＡＳの製造から徹底することを明らかにしています。

映画にもなった、デュポン社への集団訴訟

３Ｍと同じ大手化学メーカー、デュポン社（本社は米国デラウェア州）にもＰＦＡＳの集団訴訟が起こされています。
98年に、ウエストバージニア州にあるデュポン社の工場近くで牧場を営む牧場主から「１９０頭の牛が病死した」ということで、調査の依頼がある弁護士にありました。オハイオ州の法律事務所で働くロバート・ビロット弁護士が依頼を受け、デュポン社の廃棄物に関する資料開示を裁判所に求めたところ、ＰＦＯＡが使われていたことが判明しました。デュポン社は有害物質と知りながら40年間も隠ぺいして大気中や土壌に垂れ流し続けたと、ビロット弁護士はウエストバージニア州とオハイオ州の住民7万人を原告団とする集団訴訟を起こしたのです。

デュポン社は汚染物質の垂れ流しを認め、水道浄化のための6億７０７０万ドル

（約990億円）の和解金を支払うとともに、デュポン社の従業員、そして2つの州の住民の健康調査への資金提供を約束しました。

この巨大企業との法廷闘争は米国映画『ダーク・ウォーターズ～巨大企業が恐れた男』（19年制作）で描かれ、21年12月には日本でも公開されました。

こうした3Mとデュポン社の問題を発端に、全米の各地で調査が進められることとなり、地下水の汚染が様々な場所で実際に起こっていることが発覚したのです。国を挙げた対策が必要という機運が高まりました。

世界的な環境汚染に関わるトピックスとしては、01年5月に残留性有機汚染物質（ダイオキシン、ポリ塩化ビフェニルなど）を規制する国際条約、**ＰＯＰｓ条約「残留性有機汚染物質（ＰＯＰｓ**＝Persistent Organic Pollutants）**に関するストックホルム条約」**が採択されたのも大きいでしょう。環境汚染が、人類社会が取り組むべき国際的問題として掲げられ、残留性の高い人工合成有機化合物の削減が目標に掲げられました。

09年にＰＦＯＳ、19年にＰＦＯＡの製造や使用の禁止・制限を決定し、日本もこれを受けて10年と21年にそれぞれの製造や輸入、使用を原則禁止としました。ＰＦＯＡ、ＰＦＯＳの不純物として含まれ、また代替品として使われてきた**ＰＦＨｘＳ（ペルフルオロヘキサンスルホン酸）も22年に残留性が高く、有害性が懸念されることから指定され、日本でも使用や製造・輸出入が24年2月から禁止されています。**

こうして規制はされたものの、長年にわたって大量に使われてきたため、まだ環境中に残り続けています。一方で他のＰＦＡＳが依然使われており、双方の影響が問題になっています。

ＷＨＯの専門機関がＰＦＡＳを発がん性物質として認めた

身体にＰＦＡＳが蓄積されることで、どのような影響が出るのでしょうか？

３Ｍでは工場で働いている人たちへの調査を内部的に進めていて、脂質異常症や特定のがんとの関係が指摘されていました。また、デュポン社の工場周辺の地域住民への調査でも、**高コレステロール値や甲状腺疾患、そしてやはり一部のがんとの関連性**が挙げられました。

その後、各地の調査・研究では**ホルモンへの影響や、新生児の体重の低下傾向、そして免疫力が低下して感染症にかかりやすくなる**という発表もされています。世界をパンデミックに陥れた、あの新型コロナウイルス感染症へのかかりやすさとの関係も現在調べられています。

WHOの国際がん研究機関(IARC)の発がん性分類

遺伝毒性実験など新しい情報(発がんメカニズム)に基づいて2019年に評価法が変わった。

発がん物質を安全に管理し健康影響を少なくするための4区分

Group	評価内容
1	ヒトへの発がん性がある ➡ **PFOA(2Bから変更)**
2A	おそらくヒトでの発がん性がある
2B	ヒトへの発がん性の可能性がある ➡ **PFOS(新規)**
3	ヒトに対する発がん性について分類できない

出典：https://www.iarc.who.int/news-events/iarc-monographs-evaluate-the-carcinogenicity-of-perfluorooctanoic-acid-pfoa-and-perfluorooctanesulfonic-acid-pfos/

そうした中、ＰＦＡＳの有害性を大きく決定づけたのが、２０２３年のＷＨＯ（世界保健機関）の発表でしょう。ＷＨＯの専門機関である国際がん研究機関（ＩＡＲＣ）が、**ＰＦＯＡの発がん性を３番目に確実性が高い分類である「発がん性の可能性がある」（Group2B）から２段階引き上げ、最も高い「発がん性がある」（Group1）に分類したのです。また、ＰＦＯＳを新たに「発がん性の可能性がある」の分類に追加しました。**

ＩＡＲＣでは、人間の発がん性に関する物質や要因について、動物実験など証拠の確実性を評価して4段階に分類しています。今回ＰＦＯＡを、発がん性があるとされている**喫煙やアスベストと同格に分類した**わけです。

以前からＰＦＯＡの発がん性は、動物実験を通してわかっていました。14年に国際がん研究機関が「可能性がある」に追加していましたが、いきなり2段階も引き上げたのには私も正直驚きました。それだけ、今回、発がん性のリスクが上がるメカニズムが確かであると評価されたわけです。

今後は、どのくらいの量のＰＦＯＡを摂ると影響が現れるのかといった、次のステップの研究に進むことになります。

こうしたＰＦＡＳの健康への影響については、Ｐａｒｔ2で詳しく解説することとします。

日本でもＰＦＡＳ問題が表面化 水の汚染が全国各地で発覚する

２０００年の３Ｍによる電撃発表があって、ＰＦＡＳ問題が次の重要な環境問題になるのではないかと世界の研究者が動き始めました。

日本では、京都大学の現在名誉教授になられている小泉昭夫先生が01年から準備を始め、02年に京都大学を卒業した私は大学院で研究を始めるときに、小泉先生の研究チームに加わりました。

まず取りかかったのが、全国79か所に及ぶ河川の水を調査・分析することです。測定方法は、１ℓ当たりの水にどのくらいの量のＰＦＡＳが混入しているかという濃度を測っていくもので、**10億分の１gの単位であるng（ナノグラム）で検出します。**

すると、大都市圏に近い河川で次々に高い濃度が検出されたのです。東京の多摩川ではＰＦＯＳが、大阪の淀川ではＰＦＯＡが検出されるという汚染の違いも明らかになり、日本でもＰＦＡＳ汚染がすでに進んでいることが明らかになりました。

多摩川下流から上流までを調査し、濃度がもっとも高かったのは下水処理場の放流水で、この下水処理場では、泡消火剤の使用や漏出があった在日米軍横田基地の下水を処理していました。泡消火剤に含まれていたＰＦＯＳが下水に流れていることが想定されました。

対して、淀川はその後の調査で河川だけでなく、大気と地下水からもＰＦＯＡが検出されました。こちらの排出源と思われるのが、大阪府摂津市にあるダイキン工業のフッ素化学工場（淀川製作所）です。同社は空調機器のメーカーとして知られていますが、エアコンを温めたり冷やしたりする冷媒にフッ素化合物を使っています。それを自前で製造するうちに、フッ素樹脂製品の開発・製造を幅広く手掛けるようになっています。

　こうした私たちの調査の一方で、国のほうはどのような対応をしていたかと言いますと、02年から環境省の「化学物質環境汚染実態調査」にＰＦＯＳとＰＦＯＡが含まれ、少しずつですが調査が始まりました。14年には「要調査項目」に追加され、20年には「要監視項目」に格上げされました。

　20年６月には環境省水・大気環境局が「令和元年度ＰＦＯＳ及びＰＦＯＡ全国存在状況把握調査の結果について」という報告を発表しています。各都道府県のＰＦＯＳとＰＦＯＡの排出源となりえる泡消火剤使用地、ＰＦＡＳ製造施設、下水道処理施設などの周辺を含めた１７１地点（河川１０６地点、湖沼４地点、海域９地点、地下水46地点、湧水６地点）を調査したものとなります。

全国のPFOS及びPFOAの検出状況（暫定目標値は50ng/ℓ）

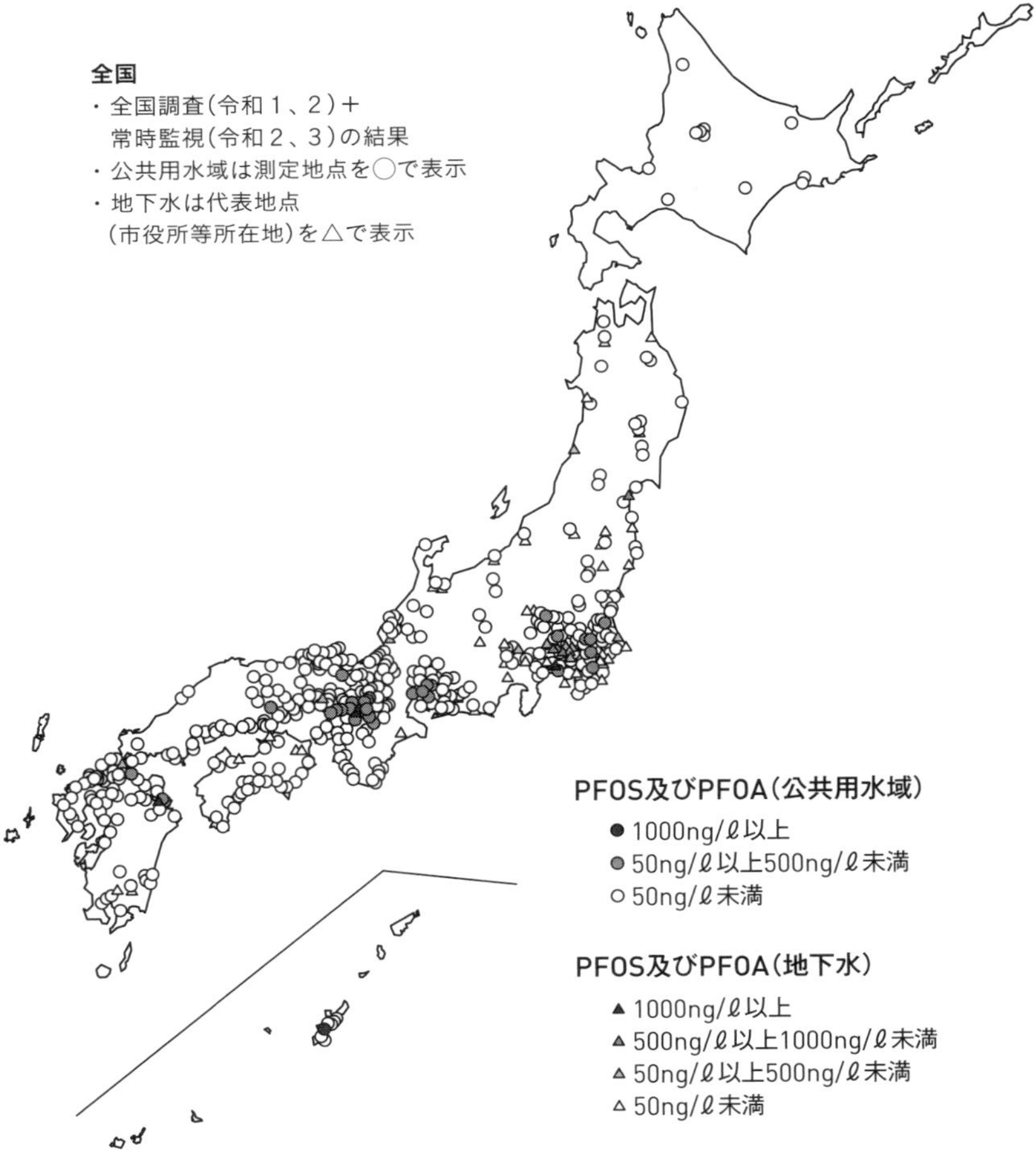

出典：第２回PFASに対する総合戦略検討専門家会議資料 資料1-2
PFOS、PFOAの国内の検出状況 p4

沖縄県でのＰＦＡＳ汚染の発覚を機に、メディアが取り上げ始めた

私たち京都大学のチームで各地の調査を進め、ＰＦＡＳ汚染の実態を把握しだし、「早く対策に乗り出さなければ」と危機意識を募らせました。が、そうした実態がすぐに社会的な問題として注目を集めることはありませんでした。米国に比べると、日本でのＰＦＡＳの理解が進んでいないのを肌で感じました。

徐々に潮目が変わり始めたのは、沖縄県でＰＦＡＳが大きな問題になったことがきっかけでした。19年ぐらいから、国内のメディアがようやくＰＦＡＳ問題を取り上げだしたのです。

沖縄県企業局では14年から水道水の検査を開始したところ、沖縄本島の中部に水道を供給する北谷《ちゃたん》浄水所の取水源となっている、嘉手納《かでな》町に流れる比謝《ひじゃ》川でＰＦＡＳの

濃度が高いことが判明しました。翌年に検査をしてもその数値が変わらず、約40万人の住民に供給されている水道水だけに、16年に公表を踏み切った経緯がありました。

特に、米軍の嘉手納基地周辺の大《だ》工廻《くじやく》川で、１４６３ng／ℓと高濃度のＰＦＡＳが検出されたことで、県は「嘉手納基地の影響が疑わしい」と表明しました。嘉手納基地から泡消火剤の漏出があって、そこから周辺の河川に広がった可能性があるというところまで指摘したのです。県では「濃度が低くなるように努力していく」としましたが、当時は水道水の濃度基準もまだなかったので、浄水場の活性炭の交換を行っていくこととしました。

地域の住民は抗議の声をあげました。「そんな水を飲んでいて大丈夫なのか」とさらなる調査の実施が叫ばれました。さらに、19年になって宜野湾《ぎのわん》市の住民が沖縄県の動きの鈍さに業をにやし、「自分たちの血液中のＰＦＡＳ濃度を調べて欲しい」という要望を京都大学に寄せたのです。

どれだけＰＦＡＳを摂取しているかは、血液中に残るＰＦＡＳの量、いわゆる血中濃度を見るとわかります。そこで私たちが血液検査を実施すると、宜野湾市と水源の異なる市の住民と比較して濃度が高いことがわかり、「水道水が住民の汚染に影響している」と報告しました。

それを踏まえ、沖縄県の玉城デニー知事が政府に対して具体的な対策、基準の設定を求めました。政府はこの対応を迫られたのです。加えて、沖縄ではかねてから米軍の基地問題があったので、それと重ねるように地元メディアがＰＦＡＳの汚染をこぞって取り上げました。

水が美味しいと言われた「東京・多摩地区」でも汚染が

　東京都も、２００５年ぐらいから在日米軍横田基地がある多摩地区の地下水などの濃度を調査していました。また10年から水道水の調査もしています。場所によっては沖縄県より高い濃度が検出され、19年半ばから都では水源の井戸水からのくみ上げを止め、川の水などに切り替えて濃度を下げる試みをしていたようです。

　実はこうした動きは公表されずに進められていましたが、20年１月に朝日新聞が報じたことで初めて明らかにされました。地域住民にも知らせなかったことが大きな波紋を及ぼしました。

　私たちは沖縄県での調査に続いて、22年から23年にかけて多摩地区の住民の血液検査にも協力しており、水道水の汚染のない地域より血中濃度が２～３倍高くなっていることがわかりました。

ちなみに、水道水を利用していても、浄水器を使用している人たちの血中濃度が低いことから、水道水からＰＦＡＳを摂取していたルートが判明しました。同時に、**ＰＦＡＳを除去するのに、浄水器の使用が有効であることもわかりました。**

この水道水のＰＦＡＳ対策については、Ｐａｒｔ３で具体的に話すことにします。

20年にＰＦＡＳの暫定目標値を定める

全国的にこうしたＰＦＡＳ問題が浮上してくると、果たしてどのくらいの量なら安全であり、それを超すと健康への懸念があるのかという、飲み水の「目標値」が求められだしたのです。それまで具体的な目標値を設定してこなかった政府も、ようやく重い腰を上げました。沖縄県知事からの要請も大きなきっかけだったと考えられます。

20年に、厚生労働省が水道水に対して、環境省が河川や地下水などに対して、**「ＰＦＯＳとＰＦＯＡの合計で50ng／ℓ」**という暫定目標、指針を定めたのです。これは、沖縄県から要望された具体的な対策に応えたものだと私は考えています。

　水道水の安全基準は、どのくらいのＰＦＡＳの摂取量であれば人間の健康に影響を与えないのかというデータに基づいて決めていきます。そういった研究はいきなり人間ではできないので、まずはネズミなどの動物で実験をします。

　動物に一定の量のＰＦＡＳを食べさせたり、飲ませたりして、影響が現れる量を調べ、それを人間に当てはめて「１日、これ以下なら大丈夫」という目標値を割り出します。ただ、そうした動物実験ではＰＦＡＳを投与する量が多くなる傾向にあります。水道水で言うと、１０００ng／ℓを超える場合もあって、人間の濃度よりはるかに高い量となることがあります。しかし動物実験での結果が人間に当てはまらない可能性（不確実性）をさらに考慮する必要があります。

　そうした研究成果、特に米国での２０１６年の調査報告を踏まえて、政府は人間への影響が出ない数値として50ng／ℓとしました。50ng／ℓという他の物質と比べてかなり厳しい数値に設定されたのは、生物への蓄積性が高いことも理由です。

自治体に対する政府からのこの通知は義務ではありませんが、結構重たいものでもあります。

実際、20年以降、各自治体でのＰＦＡＳ調査が行われるようになり、水道水や地下水の汚染状況が徐々に把握されるようになりました。

欧米各国で進むＰＦＡＳ対策に対し、大きく遅れをとる日本の対策

20年に暫定目標を設定した日本ですが、米国、欧州と比べると遅い動きと言えます。

３Ｍやデュポン社の問題をきっかけに、いち早くＰＦＡＳ対策に乗り出した米国では、米国環境保護庁（ＥＰＡ）が09年、飲料水中のＰＦＯＳの濃度を２００ng／ℓ、ＰＦＯＡの濃度を４００ng／ℓと定め、早い時期から濃度の設定に乗り出しています。16年にはＰＦＯＳとＰＦＯＡの合計で70ng／ℓとさらに厳しくしました。日本が20年に数値を決めたのは、16年に行った米国の考え方をそのまま採用したわけです。

米国では共和党政権になると、産業界への配慮から環境対策への動きが鈍くなりが

ちで、トランプ政権ではＰＦＡＳ対策が一時期足踏みをしていましたが、民主党のバイデン政権になってからは再びアクセルを踏み始め、日本円にして１兆円の予算をつけてＰＦＡＳ対策の事業を進めています。

その後、ＥＰＡは人への健康調査の情報を集め、22年６月に以前の目標値では健康へのリスクを予防できないと「さらに濃度を低くする必要がある」と発表。それを受けて、23年３月には**ＰＦＯＳ、ＰＦＯＡそれぞれ４ng／ℓ**という規制値案を公表して、さらに踏み込んでいます。24年４月には大統領府での審査も終わり、正式なものとなりました。

日本の暫定目標値である50ng／ℓとはかなり差があることがわかるでしょう。しかも、日本とは違って、従う義務がある法的拘束力を伴う基準値としています。

ＰＦＡＳの使用に関しては、23年から企業が使用量をしっかりと国に届け、公表することを義務づける提案もされました。地域住民にもＰＦＡＳの使用状況がわかるような形をつくっているのです。

州単位で見ると、ミネソタ州が２０２５年からＰＦＡＳを使った製品の撤廃に乗り出しています（アマラ法）。アマラ法は、法成立に命を賭けて貢献した女性、アマラ・ストランディさんの名前に因んでいます。また、カリフォルニア州では22年9月にＰＦＡＳを使った衣料品の販売を禁止する法案が成立しています。ニューヨーク州は23年12月から衣料品でのＰＦＡＳ使用を禁止しています。

日本では、健康リスクを予防する目安、いわゆる、どのくらいの血中濃度だと健康に影響を及ぼすかという基準値は示されていませんが、米国科学・工学・医学アカデミーでは、ＰＦＯＳとＰＦＯＡなど7種のＰＦＡＳを合計する値の血中濃度を20ng／mℓと定めています。血液中の濃度がこれを超えると、脂質異常症や甲状腺疾患、子どもが低体重で生まれるといったリスクが生じる可能性があるとし、摂取量を減らすための対策を行ったり、病気の有無の検査をしたりすることをすすめています。

私たちが多摩地区の住民に行った血液検査では、20ng／mℓを超す濃度の住民もいましたが、日本では指針が示されておらず、健康面での対応が十分ではありません。

一層厳しい姿勢で臨むＥＵのＰＦＡＳ対策

一方、さらに厳しいのがＥＵ（欧州連合）です。元々、環境面への意識が高く、07年には化学物質を規制する枠組み「ＲＥＡＣＨ（＝Registration, Evaluation, Authorisation and Restriction of Chemicals）規制」を実施しています。

ＰＦＡＳに関しては、23年1月から水道水において**20種類のＰＦＡＳ合計で100ng／ℓを基準とする規制が始まっています。**

ＥＵの中では、ドイツが主要のＰＦＯＡやＰＦＯＳといった4種のＰＦＡＳ合計を20ng／ℓと提案するなど、さらに厳しい基準を設けています。また、健康リスクの目安として、ドイツ環境庁の専門委員会は19年にＰＦＯＳの血中濃度が20ng／mℓ、ＰＦＯＡは10ng／mℓと設定。妊娠可能年齢の女性はそれぞれ半分の濃度としました。

ＥＵではさらにＲＥＡＣＨ規制において、焦げつき防止の料理道具やスキー用ワックス、化粧品、工業製品といった１万種類以上のＰＦＡＳ製品の製造や販売、使用、それに輸入を制限する規制案が提出されており、将来的にはＰＦＡＳそのものを使わないという全廃が提案されています。それぐらいしないと、ＰＦＡＳは使われ続け、そして環境中にたまり続けることを懸念しているわけです。

ＰＦＡＳフリーの流れに巻き込まれる日本

こうした欧米勢に比べると、具体的なＰＦＡＳ対策を進めてこなかったのが日本です。規制が進む海外の状況を様子見してきた、と取られても仕方がないでしょう。ただ、ようやく動きも見られるようになりました。

19年以降、沖縄でＰＦＡＳ問題が浮き彫りになり、日本各地での汚染も明らかになる中、政府も対応せざるを得なくなったようで、23年１月に環境省が専門家会議を開催して検討を始めました。

内閣府の食品安全委員会でも、動物実験や人での健康調査をまとめて、報告するとしました。ただ、24年１月のとりまとめ案では現状維持の結果でした。

しかし、ＷＨＯが発がん性を認めるといった流れは見逃せません。なにしろ、今までＰＦＡＳの有害性をしっかり政府として評価しようとしていなかったのですが、食品安全委員会で評価に着手することになったわけです。ようやくＰＦＡＳ対策の入口に立った段階と言えるでしょう。

日本での課題は、現時点で法的な義務を伴うＰＦＡＳの基準値がないことです。そのために、自治体や企業に対して、ＰＦＡＳについての調査や排出の規制を義務づけることができないでいます。

ただ、欧米で規制が進んでいる状況で、ＰＦＡＳを販売する企業は現状のままでは海外事業ができなくなります。規制されていない物質に置き換えようという流れは必至となることでしょう。

また、ＰＦＡＳの危険性が一般に広く周知されると、企業に対する消費者の目線も厳しくなってきます。これもＰＦＡＳの不使用へ転換させるには効果絶大です。

実際、包装紙や容器でＰＦＡＳを使ってきたマクドナルドとバーガーキングは25年までにＰＦＡＳの使用を止めると発表しています。

イケアはすでに16年から段階的にすべての家具や繊維製品、使い捨て食器からＰＦＡＳを除去していくとしており、資生堂など国内の化粧品メーカーでもＰＦＡＳの使用を徐々に止める動きがあります。

ＰＦＡＳフリーの時代の流れが、法的規則によらずとも企業を自主的に変えていくことを私は期待しています。

PFAS基準に関する世界の主な動向

2009年1月	米国	水道水の暫定健康勧告値 PFOS＝200ng/ℓ、PFOA＝400ng/ℓ
2009年5月	ストックホルム条約	PFOSの製造や使用の禁止・制限を決定
2016年5月	米国	水道水の生涯健康勧告値を設定 PFOS+PFOA＝70ng/ℓ
2019年4月	ストックホルム条約	PFOAの製造や使用の禁止・制限を決定
2020年4月	日本	水道水の暫定目標値を設定 PFOS+PFOA＝50ng/ℓ
2020年5月	日本	水環境の暫定目標値を設定 PFOS+PFOA＝50ng/ℓ
2022年5月	欧州	EU全域でPFASを含んだ泡消火剤の禁止規制案を策定
2022年12月	米国	3Mが2025年までに同社全製品のPFAS使用を終了すると発表
2023年1月	欧州	水道水の規制値を設定 PFAS合計＝100ng/ℓ
2023年3月	米国	第一種飲料水規則濃度（基準値案）を設定 PFOS＝4ng/ℓ　PFOA＝4ng/ℓ
2023年11月	WHO／IARC	PFOAを「発がん性の可能性がある」から「発がん性がある」に引き上げ。PFOSを「発がん性の可能性がある」に新たに分類
2024年4月	米国	第一種飲料水規則濃度（基準値）を決定 PFOS＝4ng/ℓ　PFOA＝4ng/ℓ （PFHxS、PFBS、PFNA、GenXも含まれる）

Part

2

PFASの
健康影響を知る

身体にたまったＰＦＡＳと病気のリスク
ＰＦＡＳはどこからやってくるのか

ＰＦＡＳによる加工を加えると、衣類などに水が浸みにくく、油を弾き、製品は熱や薬品にも強くなる。まさに万能の素材になります。

この便利で機能性に優れた素材は私たちの暮らしの中にあふれています。

「防水」性能をうたったはっ水加工の衣料品、「焦げつかない」フッ素樹脂加工の調理道具、「防汚」が売りのインテリア用品にはたいていＰＦＡＳが使われています。「メークがくずれない」「色落ちしない」と人気の化粧品にもＰＦＡＳが含まれていることがあります。

まさに、**私たちはＰＦＡＳのお陰で便利に暮らし、毎日ＰＦＡＳに囲まれているといっても過言ではないわけです。**

ただ、壊れにくいＰＦＡＳは自然界で分解することなく、環境の中に残り続けてしまう「永遠に消えない化学物質」であることはＰａｒｔ１で触れました。

これだけ様々な製品で使われているので、ＰＦＡＳを取り扱う企業や工場は実に多岐にわたります。ＰＦＡＳの原料をつくる製造工場、その原料から加工品をつくる工場。半導体関連もＰＦＡＳを利用していますし、紙や生地にはっ水加工を施す製紙業、アパレル企業もあります。

大なり小なりＰＦＡＳを扱っている工場は日本全国にたくさんあります。そうしたところから、排水などに混じってＰＦＡＳが流れ出ているのです。

排出源はそれだけではありません。ＰＦＡＳ問題でよく取り沙汰される泡消火剤は自衛隊基地、在日米軍基地をはじめ、空港やコンビナート、それに街中の立体駐車場にも配備されています。実際に消火に使われたり、火災訓練でも使用されたりしますし、誤作動で勝手に放出されることもあります。そうして排出された泡消火剤はＰＦＡＳを含んだまま土壌に残り、また下水に流れ込んでいました。

ＰＣＢとＰＦＡＳの違い

　ＰＦＡＳ問題と似たような化学製品による汚染のケースでは、過去に**ＰＣＢ（ポリ塩化ビフェニル）**という化学物質が問題になったことがあります。その残留性と有害性から製造も輸入も１９７０年代以降禁止されています。水に溶けにくく、熱で分解しにくいＰＣＢは、電気機器の絶縁油や熱交換器の熱媒体、それにノンカーボン複写紙といった具合にたくさん利用されてきました。

　ただ、私たちが普段何気なく接していたものかと言うと、ちょっと違います。ノンカーボン複写紙以外だと電気機器や熱交換器の製造や修理に携わっていなければ、多くの場合、密閉されたものに使用されており、そうそう触れることはなかったでしょう。

家の中でもＰＦＡＳが広がってしまう

それに比べ、ＰＦＡＳは誰もが日常的に直接手にしたり、口にしたりする機会がありえます。

また日々の暮らしの中で使われているうちに、ＰＦＡＳが製品からはがれていくと考えられます。家庭内のほこりや空気を分析すると様々なＰＦＡＳが検出されます。家庭ごとで濃度も大きく異なることもわかっています。ＰＦＡＳを使用した製品をどれだけ使っているのかで違いがあると考えられます。

目に見えない、臭いもしないので、ＰＦＡＳを知らず知らずに使っていて、そこから少しずつ口にしている場合があります。そして、家庭から排水として環境へ流してしまっているかもしれないのです。

飲み水や食べ物から摂り込むＰＦＡＳ

今各地でも問題となっている**ＰＦＡＳは水に溶けやすい性質を持っています。**

そのため工場や基地、それに家庭から流れ出したＰＦＡＳは川に流れ込み、海へと広域に広がっていきます。土壌中に残っていれば、ゆっくりと地下に沈み込み、地下水が流れる層にまで到達すれば、地下水の流れにそって下流の地下水に広がっていきます。そうして汚染された水が水道水や井戸水として使われる可能性があるわけです。

一方、川や海に流れ込んだＰＦＡＳは水に棲む魚類や貝類などの体にも蓄積されます。水をエラでろ過するときに水の中のＰＦＡＳが魚介類に摂り込まれるのです。魚介類に蓄積されたＰＦＡＳを私たちが口にする可能性もあります。その他の生物でも消化管から吸収されやすい性質があります。

農作物についてはＰＦＡＳの摂り込みはそれほど大きくはないとされます。しかし育つ土壌が大きく汚染されていればＰＦＡＳの影響を受ける可能性があります。ＰＦＡＳのうちでも水への溶けやすさが作物への摂り込まれやすさに関係すると考えられています。

多かれ少なかれ、飲み水や食べ物から、そして家の中でも気がつかないうちに私たちはＰＦＡＳを摂取しています。ＰＦＡＳのうち、いくつかのものは、体外に排出されにくいため、身体の中に蓄積される性質があります。

体内にたまったＰＦＡＳがどのような影響を与えるのか、健康との関係がとても気になるところです。実際、調査や研究で、様々な病気のリスク、つまり病気になる確率を上げる引き金になることがわかり始めています。

身体にたまっているＰＦＡＳは どのように調べるのか 血中濃度が高いと病気になりやすい？

人ひとりがどのようなものから化学物質を摂取しているか、調べることは簡単ではありません。特に様々なものに使われているＰＦＡＳについて、飲料水から食事、日用品、それに空気までを個人ごとに調べることはおそらく無理でしょう。

一方で、実際に**個人ごとに摂取している量を知るために有効なのが血液検査**となります。ＰＦＡＳが様々なものから身体に摂り込まれると、水に溶けやすく吸収される性質から最終的に血液に入ります。そこで血液中のＰＦＡＳの濃度を調べることで、血液を採取した時点で、身体の中にたまっているＰＦＡＳの全体量を知ることができると考えられるのです。

血液からＰＦＡＳを抽出して分析装置で測定すると、ＰＦＡＳの量を１㎖当たりng（ナノグラム＝10億分の１ｇ）の単位で検出することができ、それがＰＦＡＳの「血中濃度」となります。

２０００年代はじめにはすでに血液中にＰＦＡＳが検出される

03年と04年に、京都大学の研究チームで秋田県、京都府、大阪府、山口県、高知県、沖縄県といった国内10の地域に住む成人男女の血液を調べたことがあります。男女各10人ずつ、計２００人の血液中のＰＦＯＳとＰＦＯＡを分析しました。

すると、ＰＦＯＳはすべての地域で平均的には20ng／㎖で検出されました。地域的な差はこのときは大きくはなく、多くの地域でＰＦＯＳが同様に広がっていたと考えられます。その一方で、ＰＦＯＡに関しては京都、大阪、兵庫エリアが飛び抜けて高濃度で、他の地域を上回り、10ng／㎖以上という結果となりました。

Ｐａｒｔ１でも触れましたが、この地域の河川からＰＦＯＡが高い濃度で検出され、また水道水からも検出されていたことから、水道水を中心として摂取していた可能性が考えられます。

さらに言えば、２０００年以前の状況はどうだったのでしょうか。京都大学には１万人以上の京都府民の血液サンプルが80年代から保存されていました。この血液サンプルを分析して、過去の摂取状況の推移を調べました。すると、ＰＦＯＳは80年代にはすでに２０００年ごろの濃度に達していて、そこから大きな変化はありませんでした。**80年代以前までにすでに汚染が広がっていたと考えられます。**

ＰＦＯＳに対して、ＰＦＯＡは83年から99年の間に4倍以上の濃度に上昇しており、この時期にＰＦＯＡの摂取量が上昇したと思われます。どんな製品が原因になったのかはわかりませんが、この16年間で国内のフッ素樹脂の製造量が同じく4倍に増えています。その中で使用されたＰＦＯＡが環境にも放出されたと考えられます。

血中濃度の歴史的変化をたどることでＰＦＡＳ汚染の推移がリアルに見えてきます。

血中ＰＦＡＳ濃度が高いと病気のリスクが高まるという研究が出てきた

人での健康調査（疫学）の研究では、個人ごとのＰＦＡＳの血中濃度が高いと特定の病気が発症するとまでは言い切っていませんが、血中濃度の高い人たちと低い人たちを比較すると、高い人たちのほうがいくつかの病気を発症する確率（リスク）が高まるとしています。

ＰＦＡＳ問題は、これまでの公害問題、労働災害とは様相が異なります。たとえば、建材として使われてきた石綿（アスベスト）は発がん性があるとされていますが、がんの中でも悪性胸膜中皮腫《ちゅうひしゅ》という特殊ながんを引き起こすことで知られています。そのため、過去に仕事でアスベストを扱ったことがある人であれば、アスベストが高確率で原因と特定できるわけです。また、神経障害を起こす水俣病はメチル水銀を多く摂取して発症していれば、水俣病患者と認定されます。

しかし、メチル水銀の摂取量が比較的少ない場合に見られる感覚障害や子どもの神経発達への影響は、症状が捉えにくいため、その影響が理解されるまでに長い時間がかかりました。

ＰＦＡＳについても現在、私たちが摂取している量では急性の影響は出ませんが、摂取量が高いか低いかで比較して、様々な病気のリスクが研究されてきました。ＰＦＡＳの摂取量は原因となる物質、製品があまりにも広範囲にわたるので、なかなか特定できません。個人ごとの生活習慣や活動範囲によっても摂取量はまちまちです。そこで摂取量を個人ごとに把握するために血液中のＰＦＡＳ濃度が利用されてきました。

健康リスクを予防するための血中ＰＦＡＳ濃度のめやす

Ｐａｒｔ１でも紹介しましたが、米国やドイツでは、健康への影響が少ないと考えられる、望ましい血中濃度の数値を具体的に示しています。

米国科学・工学・医学アカデミーでは、ＰＦＯＳとＰＦＯＡなど7種のＰＦＡＳを合計する血中濃度を20ng／mℓと定め、これを超えると、脂質異常症や甲状腺疾患といったリスクが上がるとしています。そして、濃度の高い人は摂取量を減らすための対策を行ったり、血液中のコレステロール値の検査を受けたりすることをすすめています。

また、ドイツ環境庁の専門委員会はＰＦＯＳの血中濃度が20ng／mℓ、ＰＦＯＡは10ng／mℓと設定し、妊娠可能年齢の女性はそれぞれ半分の濃度としています。

私たちが血液調査をする際もこの**「20ng／mℓ」を一つのラインに設定することが多く、それを超すと注意が必要と判断します。**ちなみに、私が協力した多摩地区の住民が行った血液検査では、この濃度を超す住民が多くいました。

日本ではいまだ、こうした指針値は示されていません。日本においても疫学調査に基づいたリスクの評価を行い、望ましい血中濃度の上限を示すべきだと、私は考えます。

献血を繰り返すとＰＦＡＳの血中濃度が下がった

ＰＦＡＳの血中濃度を20歳から50歳くらいの男女で比較してみると、**男性のほうが高い傾向があります。**女性の場合、月経で血液が体内から排出されることで定期的にＰＦＡＳが減っているのではないかと思われます。高齢者では男女差があまりないので、閉経後は同じ状況になるのでしょう。

05年に、京都市に10年以上住んでいる人たちを対象にした調査を行いました。それによると、ＰＦＯＡとＰＦＯＳの血中濃度は月経のある女性よりも**閉経した女性のほうが高くなりました。男性ではこうした年齢での変化はなく、女性は60歳くらいになると男性と同じ濃度となっています。**

実は男女別でＰＦＡＳの健康影響の現れ方に違いがあるのかという視点の研究はあ

男性と女性の血中PFAS濃度と年齢の関係

月経のある女性のほうが濃度は低くなるが、閉経後は徐々に同じ濃度になっていた。

実線、点線は男性と女性の平均的な濃度を示している。

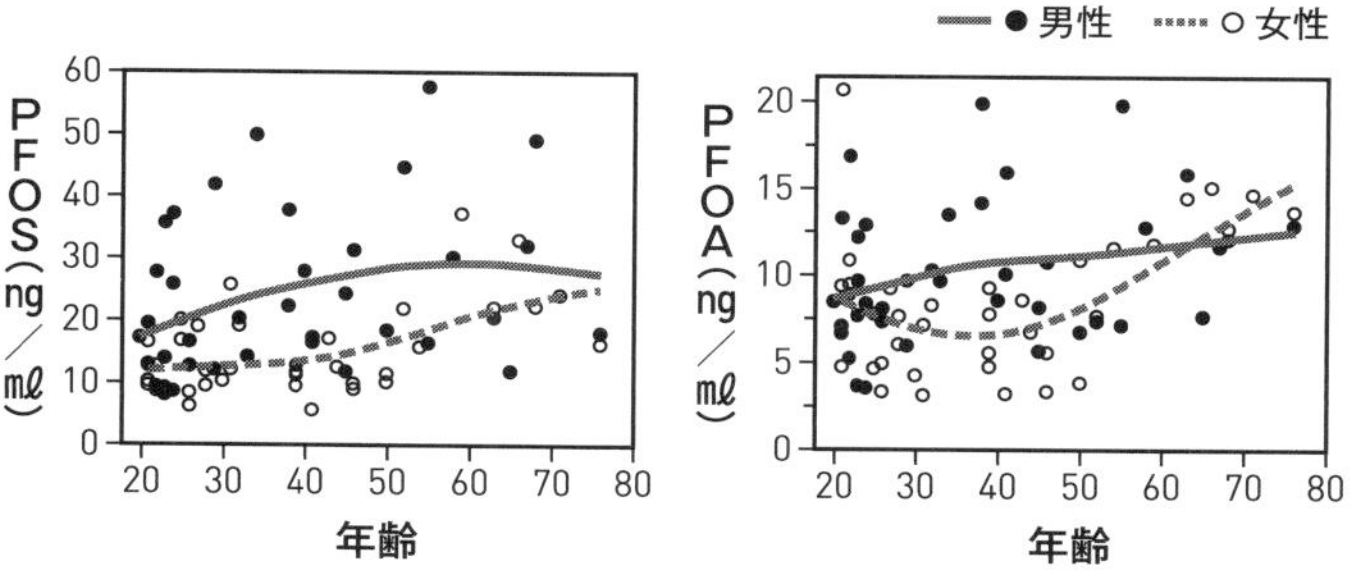

出典：Harada K, Inoue K, Morikawa A, Yoshinaga T, Saito N, Koizumi A. Renal clearance of perfluorooctane sulfonate and perfluorooctanoate in humans and their species-specific excretion. *Environ Res*. 2005 Oct;99(2):253-61. doi: 10.1016/j.envres.2004.12.003. Epub 2005 Jan 18. PMID: 16194675.

まりされていません。ただ、女性の月経がある期間は長いので、研究が進めば病気へのリスクに男女の差があることがわかるかもしれません。

こうしたことを踏まえると、**血を出すことが血中濃度を下げることにつながる、つまり、献血も同じ効果があると私は考えています。**

「PFAS濃度が高い血液を輸血しても大丈夫なのか」と思われるでしょうが、PFASが含まれる血液が輸血されてもその後、PFASを摂取しないように気をつければ徐々に減っていきます。そう

献血を推奨した前後での血中PFAS濃度

献血が濃度を下げるのに効果的なのがひと目でわかる。なお、献血ができる年齢には制限（65歳まで。60から64歳に献血経験があれば69歳まで）がある。

A PFOSレベルの平均値※1

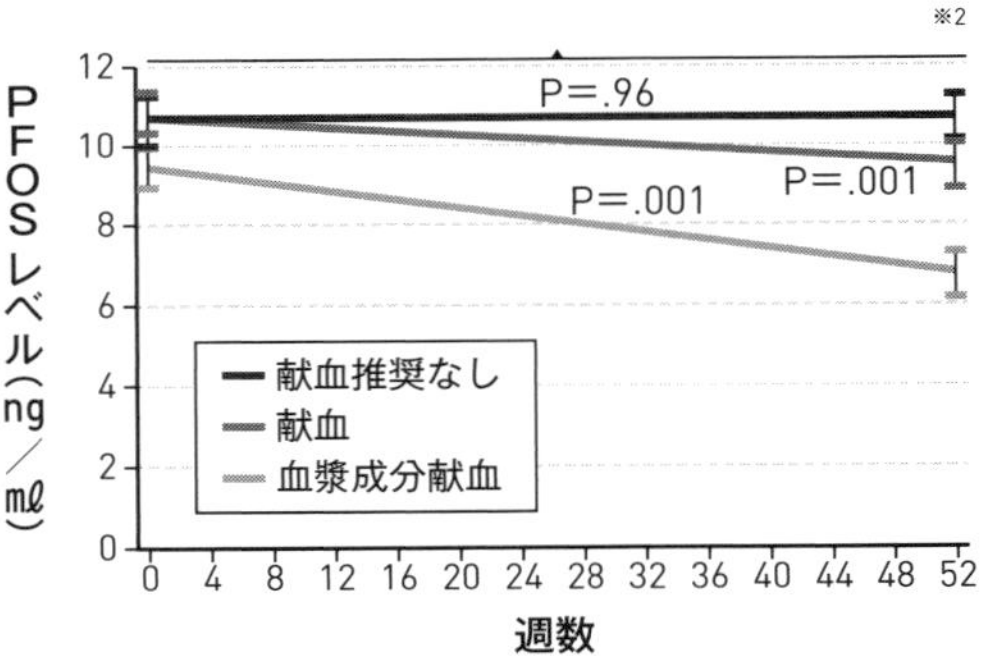

B PFHxSレベルの平均値※1

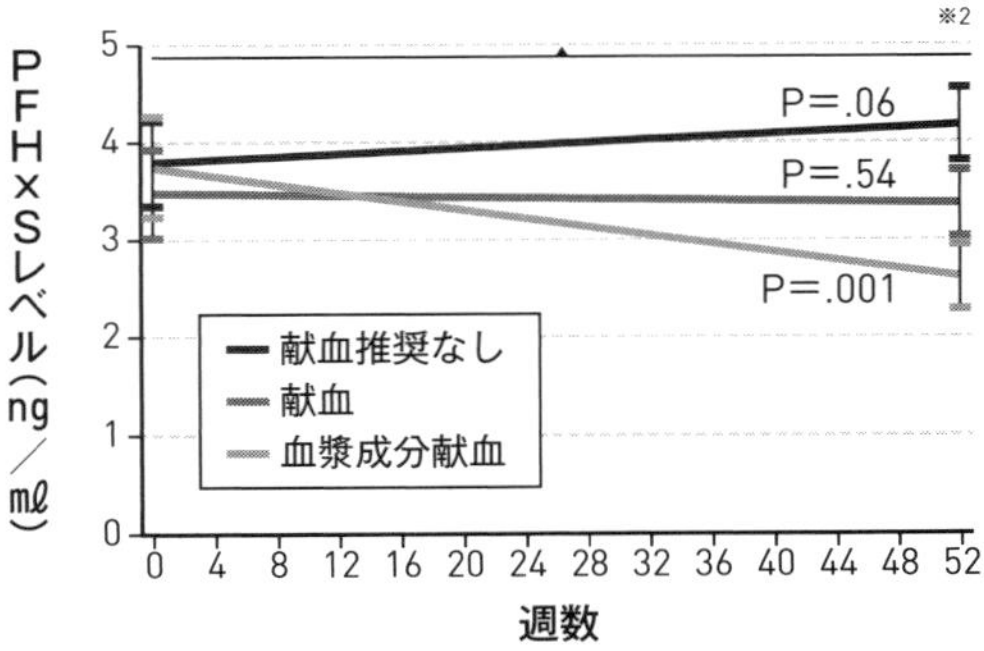

※1　上下の棒は平均値の誤差の範囲を示す。
※2　Pの数値が低いほど、献血前後で統計学的に差がある。

出典：Gasiorowski R, Forbes MK, Silver G, Krastev Y, Hamdorf B, Lewis B, Tisbury M, Cole-Sinclair M, Lanphear BP, Klein RA, Holmes N, Taylor MP. Effect of Plasma and Blood Donations on Levels of Perfluoroalkyl and Polyfluoroalkyl Substances in Firefighters in Australia: A Randomized Clinical Trial. *JAMA Netw Open*. 2022 Apr 1;5(4):e226257. doi: 10.1001/jamanetworkopen.2022.6257. PMID: 35394514; PMCID: PMC8994130.

であるなら、急を要す、命にも関わる治療である輸血を優先すべきでしょう。

オーストラリアの消防士２８５人を対象にした調査では、献血を頻繁に行った人とそうでもない人を比較しました。

すると、調査のはじめに９・５ng／㎖だった人たちは献血（特に成分献血）を行ったことで１年後に６・５ng／㎖になり、３ng低くなりました。

そもそも今、献血をする人が少なくなっていると言われているので、できる人は積極的に献血をすれば、ＰＦＡＳを体外へ出すとともに輸血を通じた社会貢献ができるのです。

個人向けのＰＦＡＳの血液検査はまだ始まっていない

こうなると、自分の血中濃度がどのくらいなのか気になるところです。

日本では現在、ＰＦＡＳに対する血液検査を行う検査会社はいくつかあり、研究用で提供しているほか、医療機関や企業、ＮＰＯといった団体から依頼を受けて対応していますが、個人の血液検査は残念ながら、まだ受けつけていません。

こうしたことの対応が早いのが米国です。**個人向けの血液検査がすでに活発に行われています。**州などによっては汚染があった地域への血液検査の提供も行われています。バイデン政権がＰＦＡＳ対策を進める中で血液検査も選択肢として認識されているのです。

世界的なバイオ分析企業であるユーロフィンでは、16種類のＰＦＡＳの血中濃度が測定できるサービスを提供しはじめました。糖尿病の血糖の検査キットと同じで、採血器具の先端についている針で指先を少しだけ刺して血液を採取し、検査機関に送ると、90日以内に検査結果が出る仕組みです。

ユーロフィンの日本法人であるユーロフィンクリニカルテスティングサービスジャ

パン（東京・千代田）も、団体向けに研究用のＰＦＡＳ自己採取血液の検査受託サービスを行っています。

ただ、ようやく日本でも個人でも検査できる道が開かれようとしています。

多摩地域の団体が臨床検査会社に打診して、検査会社のほうも体制を整えようとしているとのことで、普通の血液検査のように病院やクリニックでできるようになるのも、そう遠い話ではないのかもしれません。

ネックは料金でしょう。いくつかの事例を聞きますと、多くは３万円を超していて、これではちょっと負担も多く広がりにくいでしょう。検査が普及していけば検査費用も下がっていくと考えられます。

汚染のある地域で費用をサポートする自治体が出てくることも期待したいですが、その後の相談対応も含めた仕組みが重要となるでしょう。

デュポン社の工場周辺などでの健康調査

90年代に、工場周辺の住民が原告となった集団訴訟を起こされたデュポン社は、巨額の和解金を支払うとともに、地域住民６万９０００人の健康調査を実施するための資金提供を約束しました。その資金を受けた独立した研究者による調査で、ＰＦＯＡの影響と関係がありうる６つの病気が挙げられました。

コレステロール値の上昇、腎臓がん、精巣がん、潰瘍性大腸炎、妊娠高血圧症候群、甲状腺疾患です。

実際の調査状況を見ていくと、08年から11年の間に行った健康調査では、参加した３万２２５４人のうち、３６３３人で甲状腺疾患が見られています。このうち、血液

男女比を含めた血中PFOA濃度と甲状腺疾患への
かかりやすさとの関係

PFOAの血中濃度を低い濃度１から高い濃度５の5グループに分けて、甲状腺疾患のかかりやすさを比較した。全体と女性では、血中濃度が高くなると（第２グループ以上）甲状腺疾患を引き起こす傾向が見られた。男性ではあまり差が見られなかった。

縦棒が1よりも上側になっているグループが統計学的に差があったことを示す。

継続的に曝露した場合

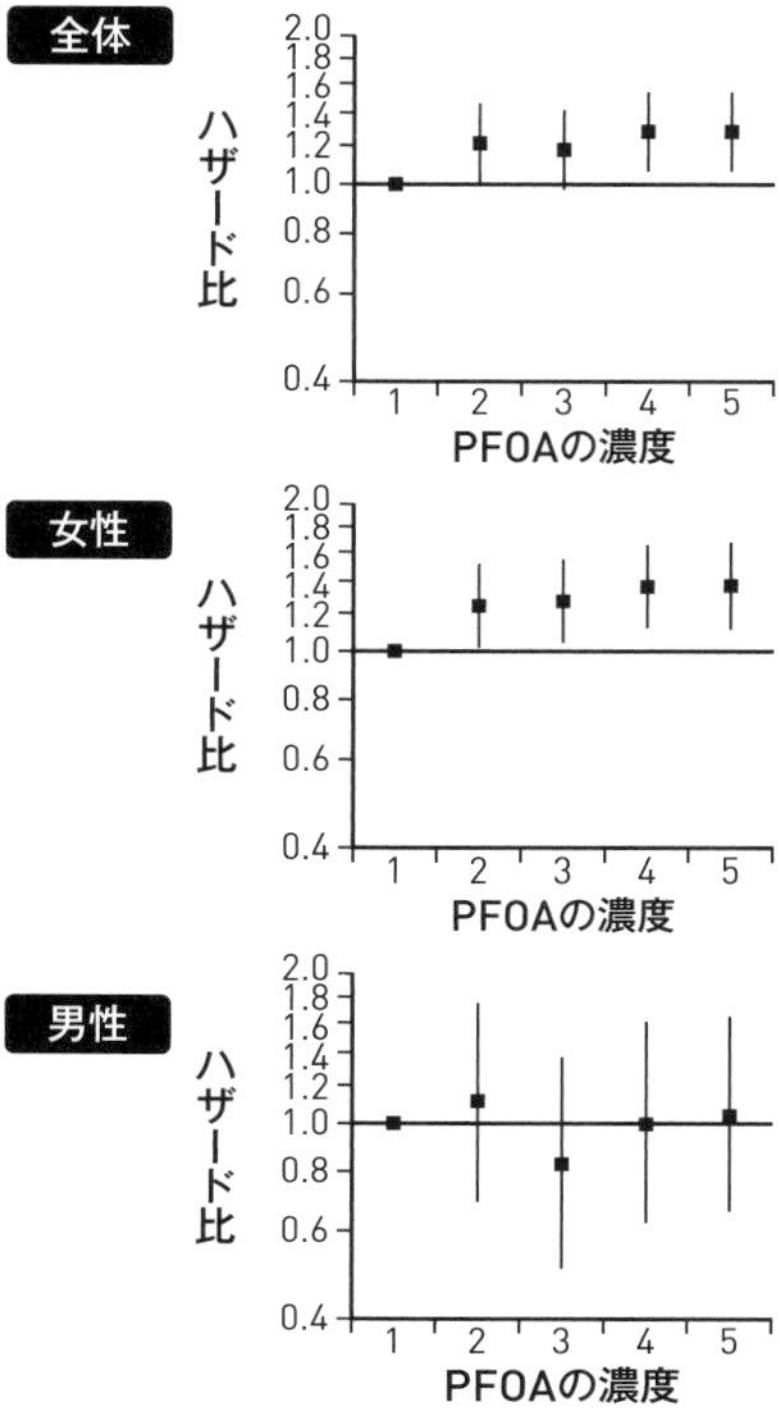

出典：Winquist A, Steenland K. Perfluorooctanoic acid exposure and thyroid disease in community and worker cohorts. *Epidemiology*. 2014 Mar;25(2):255-64. doi: 10.1097/EDE.0000000000000040. PMID: 24407430.

中のＰＦＯＡ濃度を高い人たちから低い人たちを５つのグループに分けて比較すると、最も低いグループ（１）にくらべて、もっとも高い女性のグループ（５）では１・37倍、甲状腺疾患が起きていました。

参加者のうち、２５０７人にがんが見られ、とりわけ**腎臓がんと精巣がんとの関連が指摘されました。**腎臓がんは肺がんや大腸がんと違って、かかりにくいとされる比較的稀《まれ》ながんです。血液中のＰＦＯＡ濃度に応じて４つのグループに分けて比較し、濃度が最も低いグループに比べて、最も高いグループの人たちでは、腎臓がんが１・58倍、精巣がんは３・17倍になっていました。ただ、なぜ腎臓がんになるのか、そのメカニズムがまだはっきりしていません。たまたま、今わかっているのが腎臓がんや精巣がんということで、今後他のがんも指摘される可能性があります。

デュポン社の汚染地域以外でも調査が行われています。３Ｍ社の化学工場での労働

デュポン社工場周辺での健康調査での血中PFOA濃度と各種のがんのなりやすさの関係

デュポン社の周辺住民ではPFOAの濃度が高いと、がんの中でも腎臓がんと精巣がんになりやすかった。

血中濃度が2.7倍になるごとに増えるリスク。リスク比が1を超えるとリスクが高くなる。腎臓がんと精巣がんでリスクの上昇を示した。

がんの種類	発症者数	リスク比(95%信頼区間)	P値
膀胱	105	1.00 (0.89, 1.12)	0.98
脳	17	1.13 (0.84, 1.51)	0.43
乳房	559	0.94 (0.89, 1.00)	0.05
子宮頸部	22	0.89 (0.63, 1.24)	0.48
結腸直腸	264	0.99 (0.92, 1.07)	0.84
食道	15	0.96 (0.70, 1.32)	0.82
腎臓	**105**	**1.10 (0.98, 1.24)**	**0.1**
白血病	66	1.01 (0.87, 1.18)	0.88
肝臓	9	0.73 (0.43, 1.23)	0.23
肺	108	0.88 (0.78, 1.00)	0.05
リンパ腫	136	1.01 (0.91, 1.12)	0.88
黒色腫	241	1.00 (0.92, 1.09)	0.97
咽頭	18	0.89 (0.65, 1.22)	0.46
卵巣	43	0.95 (0.76, 1.19)	0.64
膵臓	24	1.00 (0.78, 1.29)	0.99
前立腺	446	0.99 (0.93, 1.04)	0.63
軟組織	15	0.75 (0.51, 1.10)	0.14
胃	12	0.72 (0.45, 1.14)	0.16
精巣	**17**	**1.34 (1.00, 1.79)**	**0.05**
甲状腺	86	1.10 (0.95, 1.26)	0.2
子宮	103	1.05 (0.91, 1.20)	0.53

※P値とは、0.05未満を「統計学的に有意差あり」と考える。

出典:Barry V, Winquist A, Steenland K. Perfluorooctanoic acid (PFOA) exposures and incident cancers among adults living near a chemical plant. *Environ Health Perspect*. 2013 Nov-Dec;121(11-12):1313-8. doi: 10.1289/ehp.1306615. Epub 2013 Sep 5. PMID: 24007715; PMCID: PMC3855514.

全米がん調査における血中PFAS濃度と腎臓がんのなりやすさの関係

PFOA、PFOS、PFHxSでは、血中濃度が高くなるほど腎臓がんになる確率が上がっていることがわかる。

オッズ比が1より高くなると、がんのなりやすさが上がる。

PFASの種類	グループ	健康な人の数	がん患者の数	血中濃度（ng/mℓ）	オッズ比（なりやすさ）（95%信頼区間）
PFOA	1	81	47	<4.0	1.00（基準）
	2	79	83	≧4.0-5.5	1.47（0.77, 2.80）
	3	83	69	>5.5-7.3	1.24（0.64, 2.41）
	4	81	125	>7.3-27.2	2.63（1.33, 5.20）
				血中濃度が2倍になるごとに上がる確率	1.71（1.23, 2.37）
PFOS	1	81	60	≦26.3	1.00（基準）
	2	81	82	>26.3-38.4	1.67（0.84, 3.30）
	3	81	61	>38.4-49.9	0.92（0.45, 1.88）
	4	81	121	>49.9-154.2	2.51（1.28, 4.92）
				血中濃度が2倍になるごとに上がる確率	1.39（1.04, 1.86）
PFHxS	1	88	75	≦2.2	1.00（基準）
	2	83	74	>2.2-3.4	1.41（0.75, 2.64）
	3	76	88	>3.4-5.5	1.14（0.59, 2.20）
	4	77	87	>5.5-37.4	2.07（1.06, 4.04）
				血中濃度が2倍になるごとに上がる確率	1.27（1.03, 1.56）

出典：Shearer JJ, Callahan CL, Calafat AM, Huang WY, Jones RR, Sabbisetti VS, Freedman ND, Sampson JN, Silverman DT, Purdue MP, Hofmann JN. Serum Concentrations of Per- and Polyfluoroalkyl Substances and Risk of Renal Cell Carcinoma. *J Natl Cancer Inst*. 2021 May 4;113(5):580-587. doi: 10.1093/jnci/djaa143. PMID: 32944748; PMCID: PMC8096365.

血中PFAS濃度と甲状腺がんになりやすさの関係

PFAS濃度が高くなるほど、甲状腺がんのリスクも高まっていた。

横棒が1よりも右側になっているもの（n-PFOS）が統計学的に差があったことを示す。

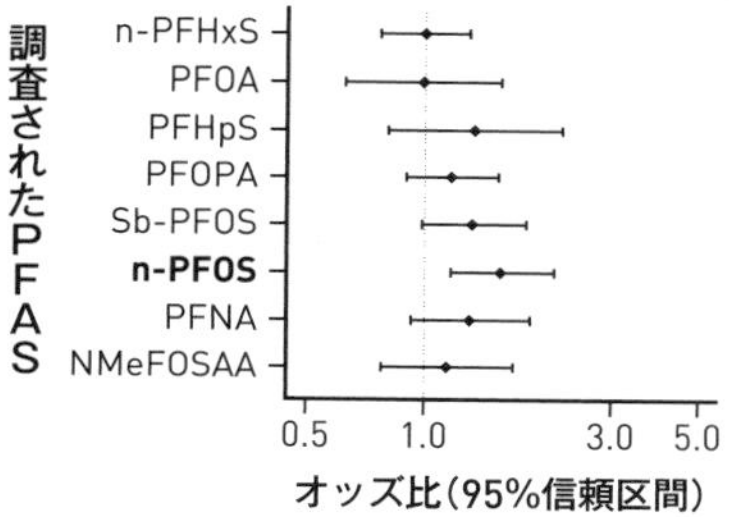

	オッズ比※1	95%信頼区間	確率※2
n-PFHxS	1.00	0.77,1.30	0.99
PFOA	0.99	0.63,1.56	0.99
PFHpS	1.33	0.81,2.24	0.43
PFOPA	1.17	0.90,1.54	0.43
Sb-PFOS	1.32	0.99,1.81	0.28
n-PFOS	**1.56**	**1.17,2.15**	**0.03**
PFNA	1.30	0.93,1.85	0.36
NMeFOSAA	1.14	0.78,1.68	0.67

※1　比較する濃度の低いグループに対してがんが起こった倍率。
※2　偶然性の確率が0.05より少ないと、まったく偶然ではなく、PFASの濃度と病気の間に何らかの関連があったということを示す。

出典：van Gerwen M, Colicino E, Guan H, Dolios G, Nadkarni GN, Vermeulen RCH, Wolff MS, Arora M, Genden EM, Petrick LM. Per- and polyfluoroalkyl substances (PFAS) exposure and thyroid cancer risk. *eBioMedicine*. 2023 Nov;97:104831. doi: 10.1016/j.ebiom.2023.104831. Epub 2023 Oct 24. PMID: 37884429; PMCID: PMC10667111.

者の健康調査では、PFASの製造に従事していた人たちで前立腺がんや膀胱がんのリスク上昇の可能性が示唆されました。

また、全米で10万人規模での一般の人たちの調査では、324名の腎臓がんが見つかり、PFASの血中濃度が関係していることが報告されました。血中PFOA濃度で4つのグループに分けて、低いグループ（1）と高いグループ（4）で2・63倍の発生率の違いがありました。

さらには、米国の調査で甲状腺がんのリスクとの関連も報告され、ＰＦＯＳの血中濃度が2倍になると甲状腺がんと診断される確率が56％増加していました。

これ以外にも各地の健康調査では甲状腺がんや乳がんなどの病名も挙がっています。まだまだ研究途上なので、今後どのような発表があるのか注視していきたいと思っています。

ＷＨＯの専門機関がＰＦＯＡを発がん性物質と評価

ＰＦＯＡやＰＦＯＳは当初から動物実験で発がん性の可能性が懸念されていました。その後、人間の健康調査でも様々ながんのリスクとの関連が挙げられてきたことで、それを実証すべく、世界各地でＰＦＡＳが、がんを起こすメカニズムに与える影響の研究が進められました。

そうした証拠を基に、WHOの専門機関である国際がん研究機関（IARC）は14年、PFOAの発がん性の確実性を3番目に確実性が高い「発がん性の可能性がある」に分類しました。

さらに、前述した通り、23年11月にはIARCは、PFOAを最も確実性が高い「発がん性がある」に2段階引き上げし、PFOSを「発がん性の可能性がある」に新たに分類指定しました（35ページ参照）。これは動物実験や人間での発がんに関する証拠が多く集まり、特に発がん性のリスクが上がるメカニズム（免疫機能の抑制や遺伝子の働きへの影響）にも確証があり、十分ありえると結論づけられたからです。

国際がん研究機関は発がん性があるかどうかという、有害性の評価を行いますが、どの程度の量でおきるのかは評価を行いません。そのため、どのくらいの量のPFASを摂るとがんへの影響が出てくるのかという研究も、これから進められていくことが必要となります。

がん以外の健康影響も多い

動物実験ですと、大量にＰＦＡＳを摂ったネズミの肝臓が腫れ上がったりするという報告が特徴的に出てきます。ＰＦＡＳが肝臓に対してダメージを与えることを示唆していると言えます。

そもそも肝臓は体内に入ってきたものを分解しようとするところなので、**異物となる化学物質の影響を受けやすく、ＰＦＡＳがたまりやすい臓器でもあります。**肝臓は血液中の脂質やコレステロールを調整していますので、影響を受ければ、**血中コレステロール値の上昇や脂質異常症につながる可能性があるでしょう。**

各国での血中PFOA、PFOS濃度と肝障害を示す検査値ALTとの関係の調査

多くの研究でPFAS濃度が高いとALTが上昇する傾向(z-Scoreが高くなる)がみられた。

z-Scoreが高いほど、またP値という偶然性の確率が小さいほど、PFAS濃度とALT値が関連していることを示している。

母集団(調査対象)	年齢(歳)	性別	人数	PFAS血中濃度	z-Score (P値)
PFOA取扱工場での従業員	≥18	全体	1024	0.428ppm	1.53(0.13)
3M社工場労働者	21-67	男性	506	2,210ng/mℓ	−0.59(0.56)
デュポン社工場周辺住民(リトルホッキング)	2-90	全体	371	354ng/mℓ	0.45(0.67)
C8ヘルスプロジェクト	≥18	全体	46,452	28.0ng/mℓ	12.32(<0.001)
C8ヘルスプロジェクト	>20	全体	28,047	NS	6.72(<0.001)
C8ヘルスプロジェクト	>20	男性	12,364	17.1ng/mℓ	4.63(<0.001)
C8ヘルスプロジェクト	>20	女性	15,683	16.0ng/mℓ	3.92(<0.001)
中国C8研究	22-95	全体	1,605	6.19ng/mℓ	4.23(<0.001)
米国国民健康栄養調査1999-2003	≥20	全体	2,197	4.51ng/mℓ	2.99(0.003)
米国国民健康栄養調査1999-2003	≥20	男性	1,063	5.05ng/mℓ	1.85(0.064)
米国国民健康栄養調査1999-2003	≥20	女性	1,134	4.06ng/mℓ	1.65(0.098)
米国国民健康栄養調査2007-2010	≥12	全体	4,333	3.5ng/mℓ	3.10(0.002)
米国国民健康栄養調査2011-2014	≥20	全体	1,082	2.2ng/mℓ	0.22(0.84)
米国国民健康栄養調査2011-2014	≥20	全体	1,801	2.0ng/mℓ	3.17(0.002)
米国国民健康栄養調査2013-2016	12-19	男性	354	1.50ng/mℓ	−2.29(0.022)
米国国民健康栄養調査2013-2016	12-19	女性	305	1.22ng/mℓ	2.35(0.019)
Vivaプロジェクト	6-11	全体	630	4.3ng/mℓ	−0.35(0.74)
Vivaプロジェクト	6-11	男性	332	4.4ng/mℓ	−1.18(0.24)
Vivaプロジェクト	6-11	女性	298	4.2ng/mℓ	−1.96(0.050)
デイトンこども病院	8-12	全体	48	0.99ng/mℓ	1.62(0.11)
PFOA取扱工場での従業員	≥18	全体	205	1.13ppm	1.06(0.29)
C8ヘルスプロジェクト	>20	全体	28,047	NS	5.88(<0.001)
C8ヘルスプロジェクト	>20	男性	12,364	17.1ng/mℓ	4.57(<0.001)
C8ヘルスプロジェクト	>20	女性	15,683	16.0ng/mℓ	3.92(<0.001)
スウェーデン人	70	全体	1,002	3.31ng/mℓ	5.20(<0.001)
Vivaプロジェクト	6-11	全体	508	5.4ng/mℓ	−1.31(0.19)
Vivaプロジェクト	6-11	男性	273	5.5ng/mℓ	−0.89(0.38)
Vivaプロジェクト	6-11	女性	235	5.4ng/mℓ	−1.31(0.19)

出典：Costello E, Rock S, Stratakis N, Eckel SP, Walker DI, Valvi D, Cserbik D, Jenkins T, Xanthakos SA, Kohli R, Sisley S, Vasiliou V, La Merrill MA, Rosen H, Conti DV, McConnell R, Chatzi L. Exposure to per- and Polyfluoroalkyl Substances and Markers of Liver Injury: A Systematic Review and Meta-Analysis. *Environ Health Perspect*. 2022 Apr;130(4):46001. doi: 10.1289/EHP10092. Epub 2022 Apr 27. PMID: 35475652; PMCID: PMC9044977.

米国で行った人間を対象にした85件の研究と24件の疫学研究のまとめによると、ＰＦＡＳの濃度が上がっていくと血液中のＡＬＴのレベルが上昇するとしています。ＡＬＴとは、アラニンアミノトランスフェラーゼのことで、肝臓の中にある酵素の一種です。肝臓に何らかの障害があると、血液中に漏れ出していきます。毎年の健康診断で、「ＡＬＴが高めですね」と医師から指摘されている人もいるのではないでしょうか。ＰＦＡＳと血液中のＡＬＴが関係しているということは肝臓への影響があるということを示していると考えられます。

ＰＦＡＳと生活習慣病との関係は？

米国ウエストバージニア州にあるデュポン社の化学工場周辺の地域住民４万６２９４人を対象に、ＰＦＯＡ、ＰＦＯＳと血液中の脂質との関連性を調査した研究があります。調査によるとＰＦＯＡの血中濃度を４つのグループに分けて比較し、最も高い

デュポン社工場周辺住民を対象とした血中PFAS濃度と血中総コレステロール値との関係

PFOA、PFOSともに血中濃度の高さに応じて、コレステロール値も高くなった。

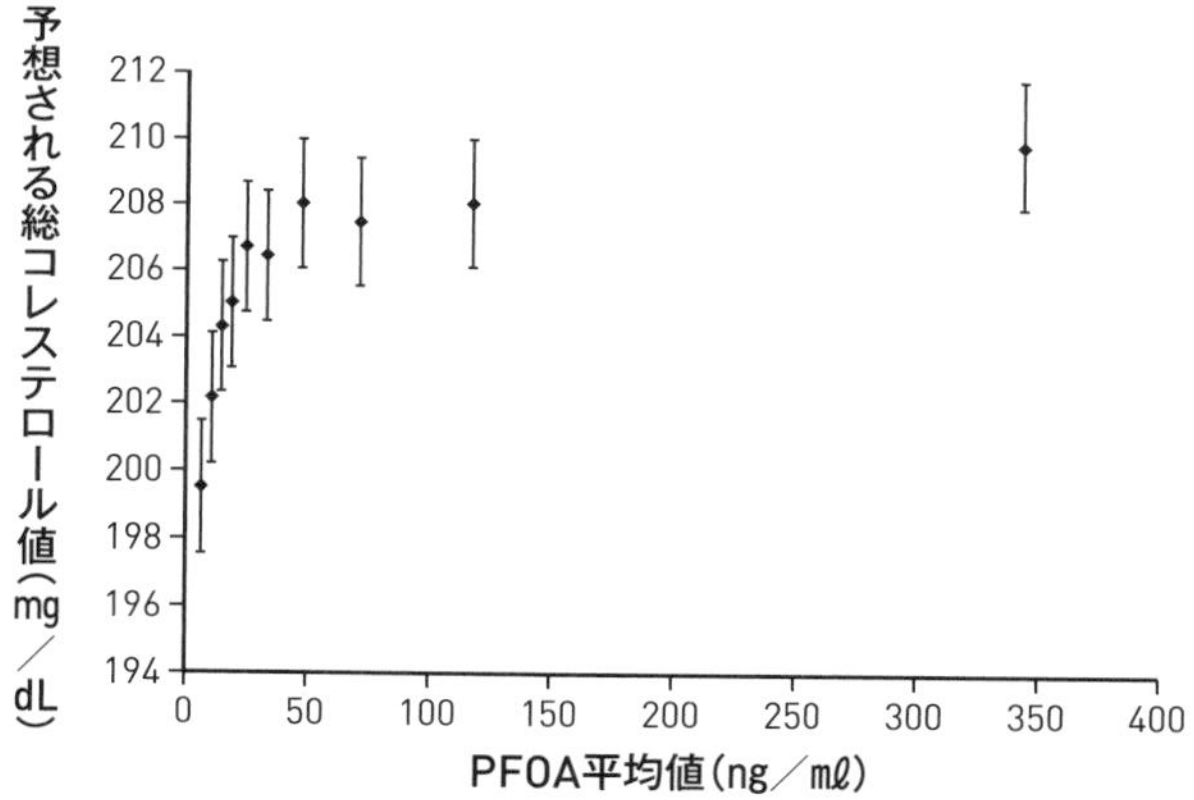

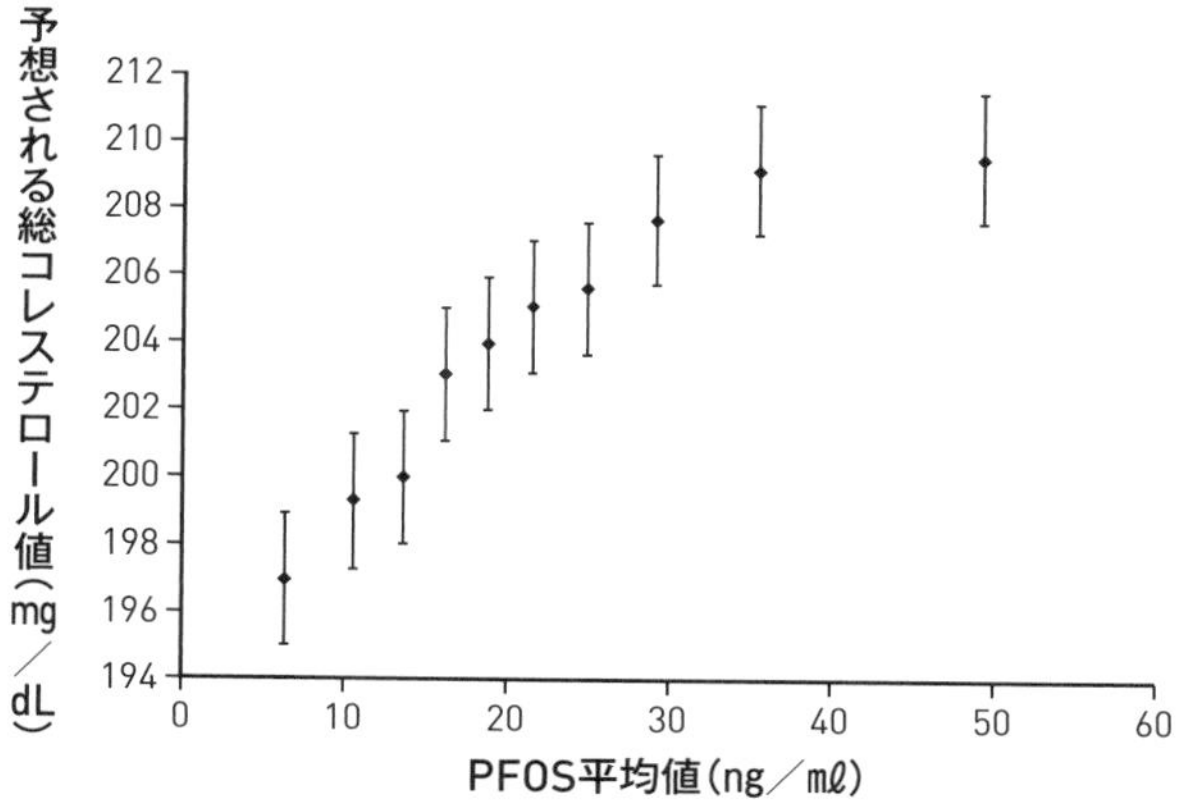

出典:Steenland K, Tinker S, Frisbee S, Ducatman A, Vaccarino V. Association of perfluorooctanoic acid and perfluorooctane sulfonate with serum lipids among adults living near a chemical plant. *Am J Epidemiol*. 2009 Nov 15;170(10):1268-78. doi: 10.1093/aje/kwp279. Epub 2009 Oct 21. PMID: 19846564.

グループでは１・４倍の人たちが高いコレステロール値を示しました。ＰＦＯＳでも同様の結果となりました。濃度によって10のグループに分けた場合のコレステロール値との関係も図に示していますが、ＰＦＡＳ濃度が高くなるとコレステロール値が上がっていく様子がみられます。

また21年７月までに発行された58の研究論文の結果をまとめた報告でも、ＰＦＯＡ、ＰＦＯＳ濃度が高ければ、総コレステロール値も高くなる関連性があると報告されてきました。

コレステロールなどの脂質に影響すると、糖分の代謝に関わるだろうとも言われ、まだ十分な調査はされていませんが、糖尿病との関連も疑われています。

みなさんが毎年の健康診断の数値でよく引っ掛かる「生活習慣病」の疑いにＰＦＡＳ摂取の影響もいくらか関わっているのかもしれません。

免疫との関係。潰瘍性大腸炎のリスクも報告されている

デュポン社工場周辺に住む地域住民に対して健康状態の聞き取り調査が行われました。成人3万2254人にインタビューし、これまでの病歴を聞き取ったところ、1511人が潰瘍性大腸炎にかかったことがあると答えました。血中PFOA濃度で4つのグループに分けて比較し、最大で2・86倍の報告数の違いが見られ、PFOAが潰瘍性大腸炎の発症に影響している可能性がありました。

潰瘍性大腸炎は免疫の異常から発症するとも言われています。そうすると、PFOAは人間の免疫力にも影響を与えているのかもしれません。なぜ、潰瘍性大腸炎が起こるのか、こちらのメカニズムに関してもまだはっきりしていませんが、今後の動物実験の結果が集まることで、徐々に明らかになっていくと思われます。PFASの発

デュポン社工場周辺住民における1952年から2011年までの過去の病気のなりやすさと血中PFOA濃度

PFOAの影響で、潰瘍性大腸炎を発症させるリスクが高まる。

(　)の数値は倍率にどれくらい誤差があるかを示す。比較対象のもっとも低い血中濃度のグループより、病気の倍率が高いことを示すためには、1倍を超えていることが必要。

	第2四分位と第1四分位での比較	第3四分位と第1四分位での比較	第4四分位と第1四分位での比較	
病気の種類	**3番めに高いグループでのリスクの倍率**	**2番めに高いグループでのリスクの倍率**	**1番高いグループでのリスクの倍率**	**P値**
潰瘍性大腸炎	**1.76 (1.04, 2.99)**	**2.63 (1.56, 4.43)**	**2.86 (1.65, 4.96)**	**0.0001以下**
クローン病	1.25 (0.61, 2.58)	1.15 (0.55, 2.41)	1.00 (0.48, 2.09)	0.73
関節リウマチ	1.24 (0.85, 1.79)	1.40 (0.96, 2.03)	0.99 (0.68, 1.43)	0.84
1型糖尿病(インスリン依存型糖尿病含む)	0.68 (0.29, 1.58)	0.53 (0.22, 1.30)	0.54 (0.22, 1.33)	0.84
1型糖尿病	0.83 (0.25, 2.78)	1.41 (0.40, 4.95)	0.88 (0.25, 3.06)	0.68
全身性エリトマトーデス	1.49 (0.68, 3.34)	1.01 (0.44, 2.30)	0.71 (0.31, 1.65)	0.94
多発性硬化症	0.85 (0.44, 1.63)	1.56 (0.81, 3.00)	1.26 (0.65, 2.42)	0.22

出典:Steenland K, Zhao L, Winquist A, Parks C. Ulcerative colitis and perfluorooctanoic acid (PFOA) in a highly exposed population of community residents and workers in the mid-Ohio valley. *Environ Health Perspect*. 2013 Aug;121(8):900-5. doi: 10.1289/ehp.1206449. Epub 2013 Jun 4. PMID: 23735465; PMCID: PMC3734500.

がん性に触れましたが、そもそも免疫力が弱くなるとがんになりやすくなるとされています。

こうしていろいろ研究が進み、理解が深まっていくと、様々な影響との相関関係が明らかになっていくわけです。

化学物質が起因となって起こりやすいアレルギーについては、ＰＦＡＳの研究でも常に調査対象に入っていますが、関連があるという一致した報告はまだありません。

こちらも今後の研究動向に注目と言えそうです。

欧州環境機関・PFASの人への影響

欧州環境機関がまとめた報告ではPFASの影響は様々な病気に及ぶ可能性が指摘されている。

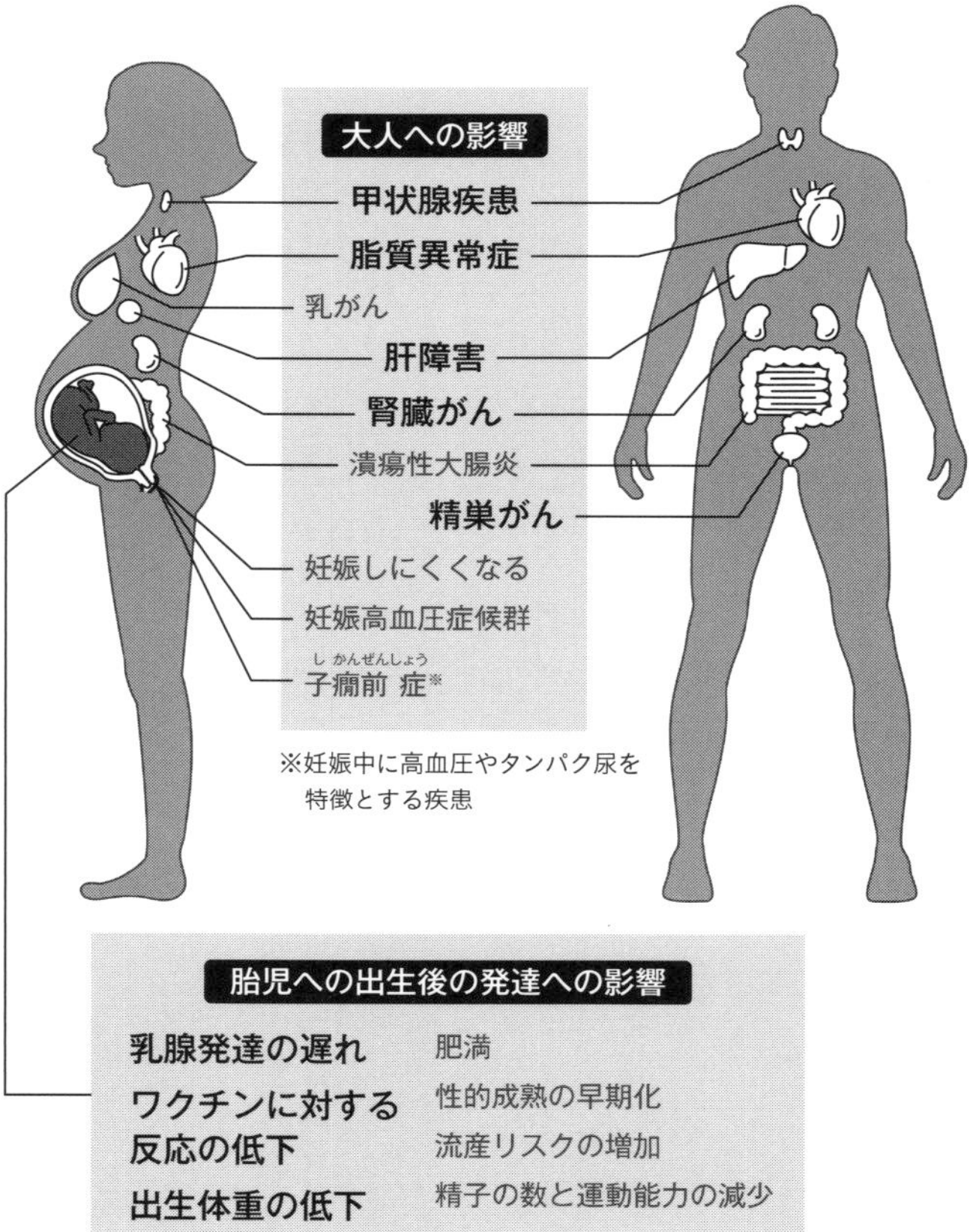

※太字の項目はより確実性が高いとされている。

出典:『PFASガイドブック』(健生会PFAS専門委員会)

子どもたちや高齢者などへの影響は？

動物実験では、子どもと大人の動物に体重当たりで同じ量の化学物質を与えると、**子どものほうが影響が出やすい**という結果が多く出ています。

化学物質全般は子どもに対してより影響があるのではないかと考えられてきました。２０００年代に入ってから、世界各国で子どもに対する健康影響を調べようという多くの研究プロジェクトが立ち上がっています。

日本でも北海道などでの調査のほか、全国規模の調査（エコチル調査）も行われています。

赤ちゃんの出生体重が低下する

ＰＦＡＳの健康影響の一つとして挙げられているのが、**新生児の出生体重が低下しやすい点**です。動物実験でも、生まれてくる動物の子どもの発達が遅れることがよくわかっており、他の影響に比べても低い摂取量で見られます。胎児の身体が作られていく時期に外からの化学物質によるかく乱があると、その影響が強く出ることがわかっています。身体をつくっているときなので、少しでもかく乱があると結果としては大きく出るのではないでしょうか。

実際、北海道での調査では、ＰＦＯＳの血中濃度が高い母親から生まれた新生児の体重が低下する傾向が報告されています。母親の血中ＰＦＡＳが胎児にも影響し、影響を与えるのではないかということが懸念されます。世界でも同様な研究が進められ、程度の大小はあるものの、出生体重への影響はかなり確認されています。

札幌市で行われた母親の血中PFOS濃度と新生児の血液中甲状腺刺激ホルモン濃度の関係

胎児のほうがPFOSの影響を受けやすく、母親の血中PFOS濃度が高いほど、甲状腺ホルモンへの影響を示す甲状腺刺激ホルモン（TSH）の値が高くなる。

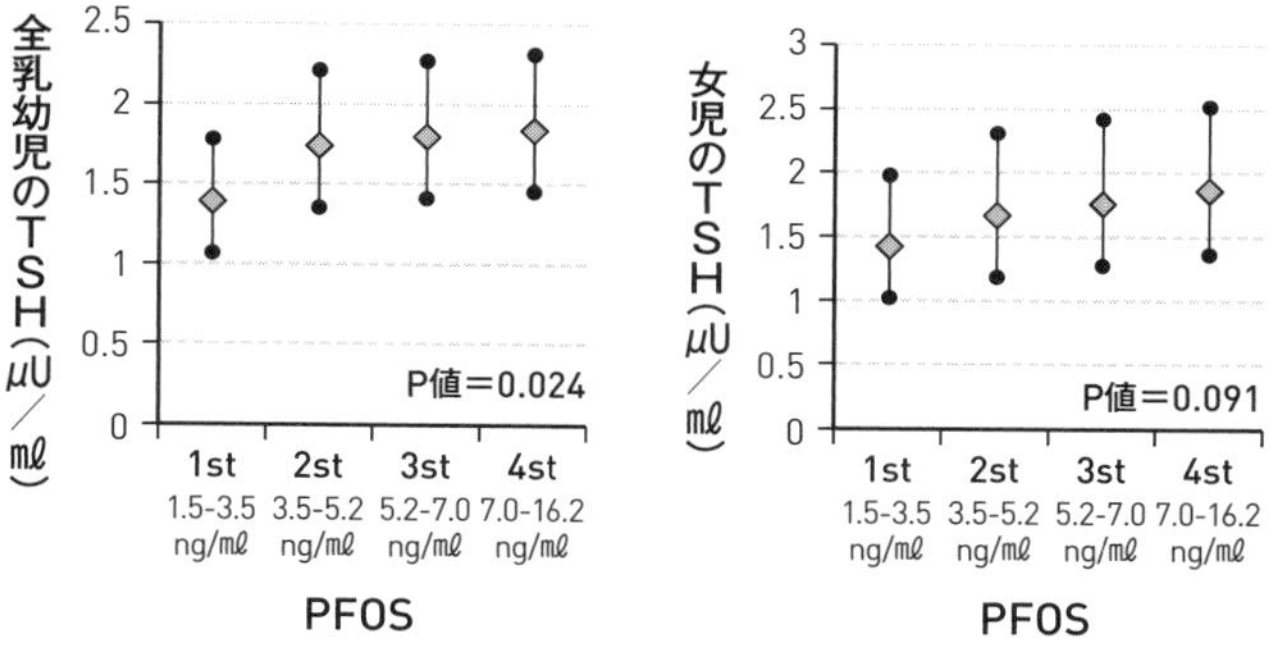

出典：Kato S, Itoh S, Yuasa M, Baba T, Miyashita C, Sasaki S, Nakajima S, Uno A, Nakazawa H, Iwasaki Y, Okada E, Kishi R. Association of perfluorinated chemical exposure in utero with maternal and infant thyroid hormone levels in the Sapporo cohort of Hokkaido Study on the Environment and Children's Health. *Environ Health Prev Med*. 2016 Sep;21(5):334-344. doi: 10.1007/s12199-016-0534-2. Epub 2016 Apr 30. PMID: 27137816; PMCID: PMC5305986.

一方、浜松で行われた調査では、ＰＦＯＡが乳幼児の神経発達の調査報告の一部にマイナスの影響をもたらす可能性が示唆されました。

他にも北海道での調査では、ＰＦＯＳとＰＦＯＡが母親と新生児の甲状腺機能に及ぼす影響について、調査が行われています。海外の研究でも、妊娠中の胎児の発育に重要な役割を果たす甲状腺ホルモン（ＴＳＨ）がＰＦＯＳとＰＦＯＡによってか

臍帯血中PFAS濃度が胎児の神経発達に及ぼす関係

臍帯血中PFOA濃度が高いと、生後18か月時点での神経発達評価スコアが低下していた。

◆は臍帯血中PFOA濃度が2倍多い子どもで、それぞれの月齢のときに、神経発達の評価に使われているMSELというスコアがどれだけ変わるかを示している。◆と縦棒が0より下側にあると統計的にも差が大きいことを示している。

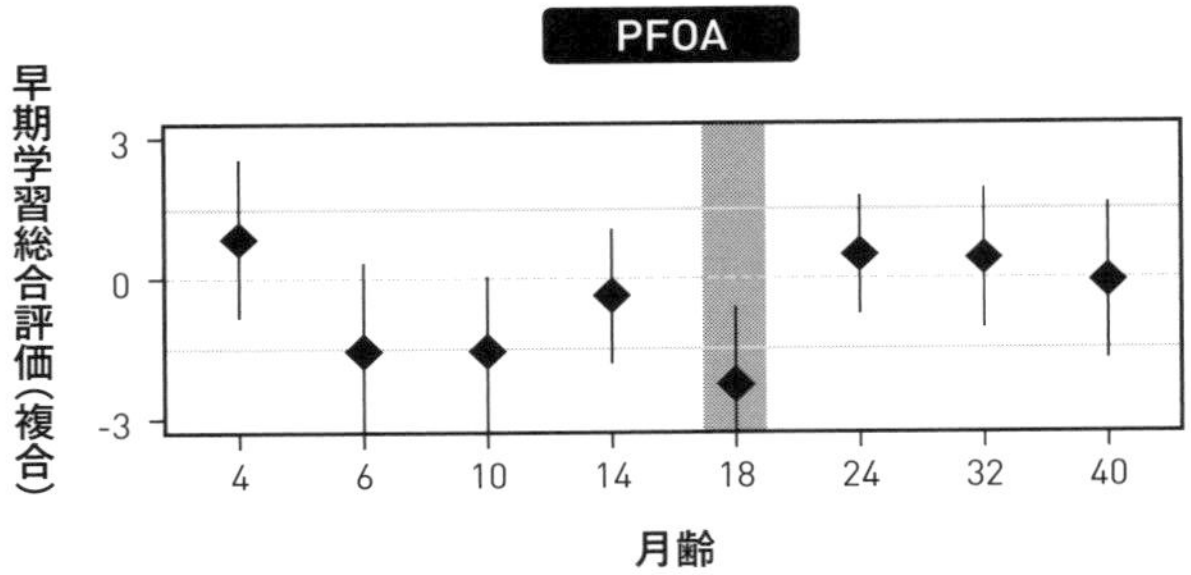

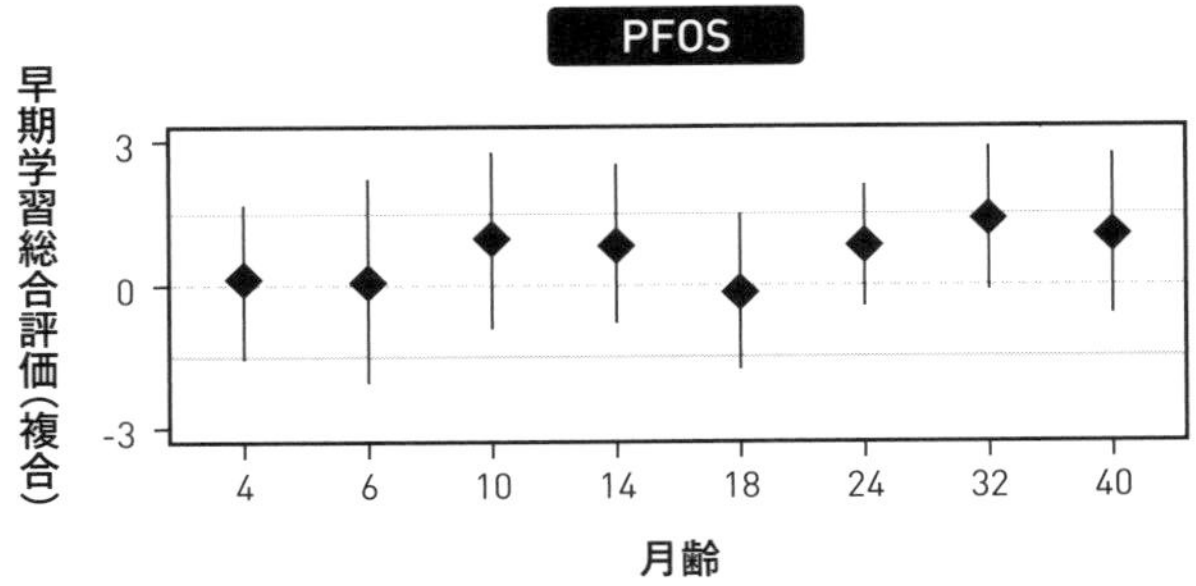

出典:Oh J, Shin HM, Nishimura T, Rahman MS, Takahashi N, Tsuchiya KJ. Perfluorooctanoate and perfluorooctane sulfonate in umbilical cord blood and child cognitive development: Hamamatsu Birth Cohort for Mothers and Children (HBC Study). *Environ Int*. 2022 May;163:107215. doi: 10.1016/j.envint.2022.107215. Epub 2022 Mar 28. PMID: 35378444.

く乱させられる可能性が示唆されていました。

この調査では３９２組の母子を対象に行ったところ、母親のＰＦＯＳの血中濃度が高くなるほど、新生児の血液中の、甲状腺を刺激するホルモンである、甲状腺刺激ホルモン（ＴＳＨ）の濃度が徐々に上昇していくことがわかりました。

ホルモンは常に身体のバランスをとっているものなので、それが上昇するということはＰＦＯＳの影響を受けていると言えます。動物実験ではすでに血液中の甲状腺ホルモンの数値が影響される報告がされていますが、人間でも同じような変化が見られたわけです。

胎児の発育を左右する甲状腺ホルモンが影響を受けることから、成長にも影響してくるのではないかと言われています。

子どもの感染症にかかりやすさの調査も

もう一つ心配なのが、ＰＦＡＳの影響で子どもの免疫力が低下するのではないかとも指摘されていることです。

デンマークで、５歳と７歳での破傷風とジフテリアの予防接種（二種混合ワクチン）によって血液中の抗体価がどのような変化をしているのか、という調査が行われています。すると、ＰＦＡＳ濃度が高い子どものほうがワクチン接種後の抗体の量が少なくなっていました。破傷風とジフテリアという単一のワクチンに関する調査ですが、ワクチン全般についても同じような影響が出るのではないかと懸念されています。

さらに、デンマークの１５０３人の子どもを対象に、出生から４歳までの子どもがどのくらい感染症で入院したかを調べた調査もあります。それによると、子どもの26

デンマークで行われた子どもの血中PFOS、PFOA濃度と破傷風、ジフテリアワクチン接種後の血液中の抗体価との関連の調査

デンマークの調査によると、PFOS・PFOA濃度が高くなると破傷風とジフテリアのワクチンを接種後の免疫（抗体濃度）が弱くなる傾向があった。

実線はPFAS濃度と抗体濃度の関係を示している。破線は実線の誤差の範囲を示している。

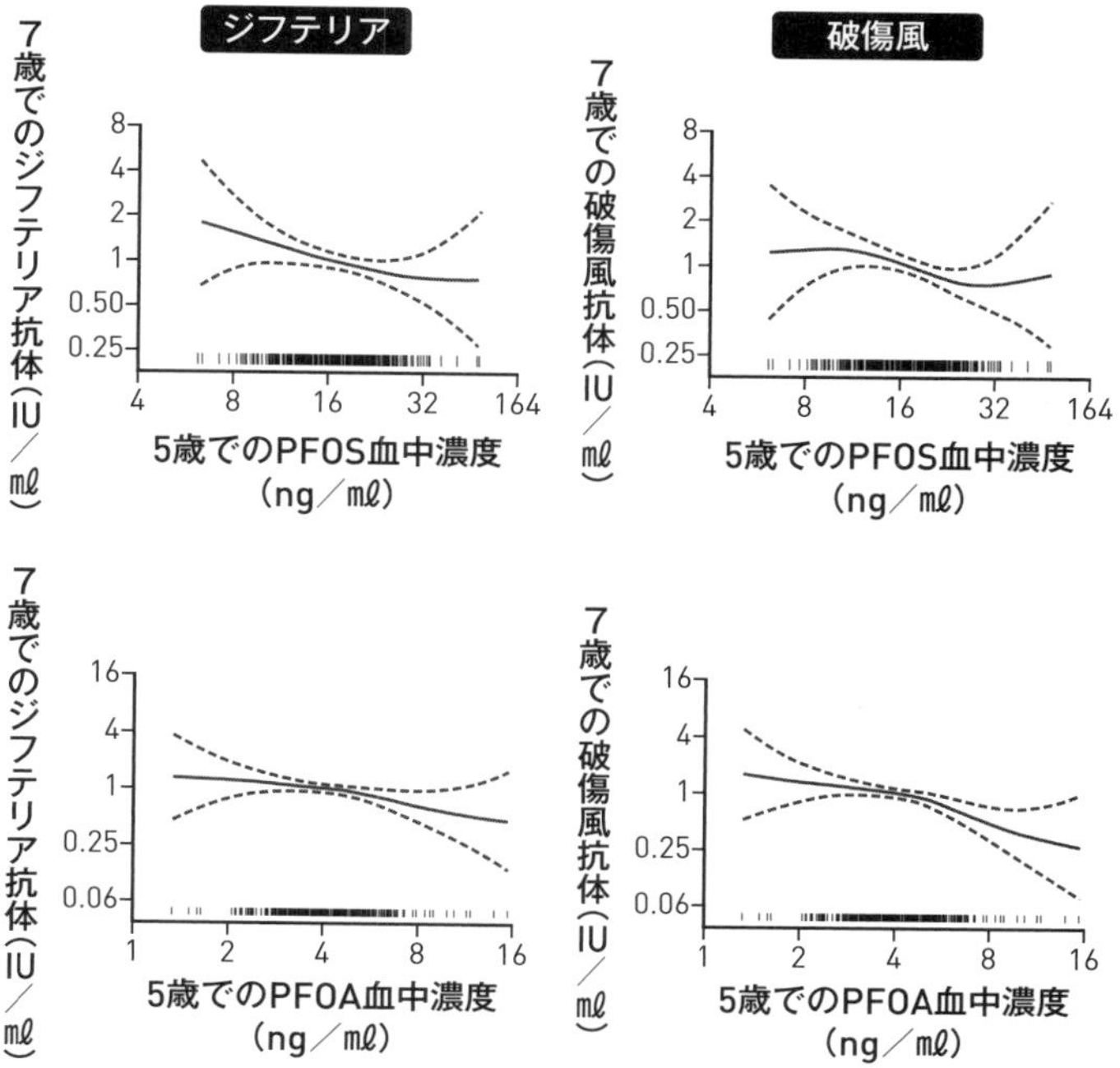

出典：Grandjean P, Andersen EW, Budtz-Jørgensen E, Nielsen F, Mølbak K, Weihe P, Heilmann C. Serum vaccine antibody concentrations in children exposed to perfluorinated compounds. *JAMA*. 2012 Jan 25;307(4):391-7. doi: 10.1001/jama.2011.2034. Erratum in: JAMA. 2012 Mar 21;307(11):1142. PMID: 22274686; PMCID: PMC4402650.

感染症とPFOS、PFOAとの関係。
母親の妊娠中血中濃度が2倍高くなった場合の発症倍率

たとえば、血中PFOS濃度が1ng/mℓのグループにくらべて、2ng/mℓの子どもでは感染症合計が、1.23倍になっていた。確からしさの範囲は1.05倍から1.44倍だった。

統計的には、(　)内の確からしさの範囲が、1倍を超えていると関連が確かであることを示す。

	感染症合計	上気道感染症	下気道感染症	消化管感染症	その他
PFOS	1.23 (1.05, 1.44)	1.25 (0.97, 1.61)	1.54 (1.11, 2.15)	0.77 (0.46, 1.29)	1.17 (0.98, 1.40)
PFOA	1.13 (0.97, 1.29)	1.18 (0.93, 1.50)	1.27 (1.01, 1.59)	0.55 (0.32, 0.95)	1.12 (0.93, 1.35)
	(1472人中, 633人発症)	(1472人中, 167人発症)	(1472人中, 151人発症)	(1472人中, 40人発症)	(1472人中, 275人発症)

出典：Dalsager L, Christensen N, Halekoh U, Timmermann CAG, Nielsen F, Kyhl HB, Husby S, Grandjean P, Jensen TK, Andersen HR. Exposure to perfluoroalkyl substances during fetal life and hospitalization for infectious disease in childhood: A study among 1,503 children from the Odense Child Cohort. *Environ Int.* 2021 Apr;149:106395. doi: 10.1016/j.envint.2021.106395. Epub 2021 Jan 25. PMID: 33508532.

％が感染症で少なくとも１回は入院していましたが、母親のＰＦＯＳの濃度が２倍になると感染症による入院リスクが２３％増加していました。

子どもの免疫機能への影響は米国やＥＵでも関心が高く、低濃度でも影響が起こる可能性があると厳しく見られています。

気になるのが、世界をパンデミックに陥れた新型コロナウイルス感染症との関連性です。ＰＦＡＳ

がいかに影響していたのか研究者の多くが関心を持っています。

ただ、コロナの場合、かかるかからないは各人の活動状況やワクチン接種のタイミングなどと関わってきますし、条件は多岐にわたっていて一筋縄ではいきません。そのためこれまでの報告では一致した結果にはなっていません。研究結果が多く集まれば、一定の方向が見えてくると思いますが、どれだけはっきりと出るか。今は各地からの研究結果が待たれるところです。

ＰＦＡＳと不妊症の関連はあるのか

ノルウェーでは妊娠を計画した後、12か月以内に妊娠した女性と妊娠していない女性との血中濃度を比較する調査も行われています。ＰＦＯＳ、ＰＦＯＡ濃度が高い母親では妊娠までの期間が長く、１・３倍〜２・２倍ほど、長くなっていたと報告されています。カナダでもそうした観点の研究が進められ、ＰＦＯＡとＰＦＨｘＳの濃度

ノルウェーで行われた妊娠までにかかった期間と妊婦の血中PFAS濃度との関連の調査

PFOS、PFOAともに血中濃度が高くなると、妊娠までの期間が長くなる傾向が見られた。

「なりやすさ」は、血中PFAS濃度がもっとも低いグループに比べて何倍になっているかを示している。95%信頼区間の両方が1より高いと統計的に違いがあることを示す。またPの数字が0.05より低いほど統計的にも確かな関連を示す。

PFOS血中濃度(ng/mℓ)	妊娠まで12ヶ月以上だった人数	妊娠まで12ヶ月以内だった人数	妊娠まで12ヶ月以上になりやすさの倍率	95%信頼区間
＜10.34	90	140	1(基準)	
10.34-13.09	104	124	1.3	(0.9-1.9)
13.10-16.60	110	118	**1.4**	**(1.0-2.0)**
≧16.61	112	112	**1.6**	**(1.1-2.3)**
全体の傾向				P=0.02
				(統計的に確か)

PFOA血中濃度(ng/mℓ)	妊娠まで12ヶ月以上だった人数	妊娠まで12ヶ月以内だった人数	妊娠まで12ヶ月以上になりやすさの倍率	95%信頼区間
＜1.66	77	146	1(基準)	
1.66-2.24	104	122	**1.6**	**(1.1-2.3)**
2.25-3.02	118	105	**2.2**	**(1.5-3.2)**
≧3.03	113	115	**2**	**(1.4-3.0)**
全体の傾向				P＜0.001
				(統計的に確か)

出典:Whitworth KW, Haug LS, Baird DD, Becher G, Hoppin JA, Skjaerven R, Thomsen C, Eggesbo M, Travlos G, Wilson R, Longnecker MP. Perfluorinated compounds and subfecundity in pregnant women. *Epidemiology*. 2012 Mar;23(2):257-63. doi: 10.1097/EDE.0b013e31823b5031. PMID: 22081060; PMCID: PMC3276687.

が増加するほど、妊娠までの期間が長くなっていました。

ＰＦＡＳによる妊娠機能の低下がより確かだと考えられるほど、多くの研究が報告されているわけではありませんが、今後この分野での知見も増えていくと考えられます。

高齢者は血中濃度が高めになる

高齢者を調査すると、ＰＦＡＳの血中濃度は全般的に高めの人が多くなっています。単純に考えると摂取期間が長いので、体内での蓄積量も多くなるのではと思いがちですが、どうして濃度が高くなるのかは正直、わからないというのが感想です。

というのも、ＰＦＯＳもＰＦＯＡも身体に同じ量を摂取し続けたとしても、10～15年ぐらいでいっぱいとなり、それ以上は蓄積しないのではないかと見られているからです。**摂取したＰＦＡＳが半分の量になる、いわゆる半減期は５年**と言われています。従って、摂る量と身体からわずかに出ていく量がちょうど釣り合うのが10～15年となるのです。この理論でいけば、高齢者となる前にすでにいっぱいの量となってしまっているので、それからは血中濃度が上がらないはずです。しかしながら、高齢者の多くが濃度が高めの結果になっています。前述したように女性では閉経が一つの原因になるかもしれません。食習慣や生活習慣の違いも一因ではないかという意見もありますが、よくわかっていないところです。**高齢者で考慮すべきは、確かに年齢とともに腎臓の機能が落ちてくるので、身体の外に異物を排出する力は弱まってくることです。**これがＰＦＡＳ濃度を上昇させる原因の一つになっているのかもしれません。

子どもの場合は、成長期で身体がどんどん大きくなり、身体の容積自体が増えるので、ある一定の量のＰＦＡＳがたまっていったとしても血中濃度はそれほど上がりません。でも、**10代後半くらいで成長がとまれば、以後は濃度が徐々に上がっていくことになります。**

ＰＦＡＳの影響は、子どもを含め、それぞれの年齢層でしっかりと考えていかないといけないでしょう。世代によってどういう影響や健康リスクがあるのか、また発症する病気がどう異なっていくのか、さらなる研究で明らかにしていく必要があります。

子どもを対象とした調査に比べると相対的に成人を対象とした研究の数が少ないのが実情です。大人がＰＦＡＳの影響を受けないわけではないので、様々な調査や研究が実施されることを期待しています。

家族の一員であるペットもＰＦＡＳを摂取していた

愛媛大学と北海道大学ではペットのイヌとネコの血中ＰＦＡＳ濃度を調べています。

北海道と大阪の家庭のペットであるイヌとネコの血中PFAS濃度

イヌよりネコのほうがPFAS濃度は高かった。

棒グラフはPFASの中央値を示す。中央値は、10匹のペットがいれば、おおよそ5匹目のペットの濃度を意味する。また縦棒は各地域のペットの最大の濃度を示す。

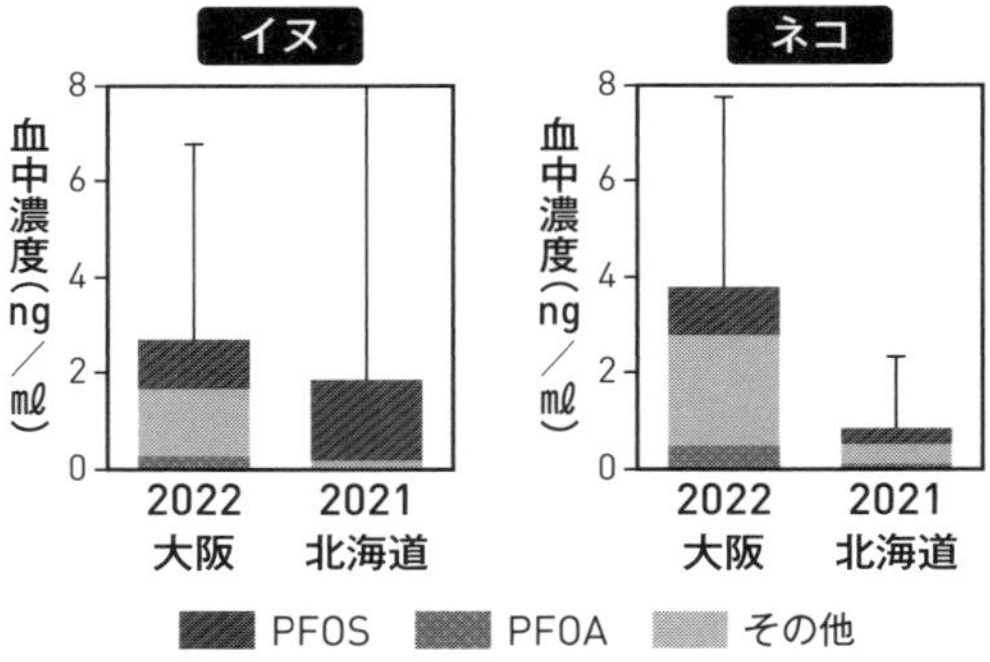

出典：佐藤愛佳，佐藤楓夏，水川葉月，池中良徳，田上瑠美，横山望，滝口満喜，中津賞，野見山桂．コンパニオンアニマルのPFAS 汚染：イヌ・ネコの種差要因と汚染の地域差．環境化学物質3 学会合同大会（徳島；2023 年）．

　これは21～22年に行われたもので、北海道と大阪府の動物病院を通じ、屋内で飼っているイヌとネコ計31匹の血液を採取して、34種類のＰＦＡＳの濃度を調べました。

　すると、31匹すべてからＰＦＡＳは検出され、イヌが北海道での中央値が1・8ng／mℓ、大阪府で2・7ng／mℓ、ネコが北海道で1・7ng／mℓ、大阪府で7・7ng／mℓと、人と比べてみてもいずれも低くない濃度の値となりました。

室内のハウスダストにはＰＦＡＳが付着していることが多く、そうしたほこりをなめたり、またはエサなどを通じて、体内に摂り込まれたと考えられます。ネコのほうが濃度が高いのは、毒物の排出機能がイヌより弱く、また毛づくろいで一緒にハウスダストを体内に摂り込みやすいためかもしれません。ペットでの健康影響の調査が今後出てくることが期待されます。

イヌやネコにこうした結果が出たということは、家庭内でＰＦＡＳを摂取する可能性があるということです。**床を這ったりすることが多い乳幼児も同じようにハウスダウトなどからＰＦＡＳを摂り込む可能性があります。**

ＰＦＡＳのリスクの評価はどうなる

日本の食品安全委員会は食品を通じてＰＦＡＳを摂取した場合の発がん性を含む様々な毒性について、どのくらいの量のＰＦＡＳを摂取すると、そのリスクが高まるかといった健康影響の評価を進めてきましたが、２０２４年１月にまとめられた評価案では、はっきりしない点があるからという理由で前述した疫学調査の結果は採用されませんでした。

確実な関係が見られるまで研究を待ち続けることは一見科学的と思えるかもしれませんが、どのような研究でも１００％確実なものはありません。不確実な状況も考慮して健康への影響を予防していくことが健康リスクに対処するための科学的な方法といえます。

今後、さらに調査や研究が進められることで、新たな健康への影響が明らかになっていくことでしょう。これまでも当初は安全とされていた摂取量が研究が進む中で引き下げられてきました。ＰＦＡＳの影響が広がってしまう前に、リスクを予防するための対策を進めていかないといけないと私は考えています。

Part 3

生活の中のPFASを知り、選択肢を持つ

毎日飲んでいる水は大丈夫？　ＰＦＡＳ対策はまず、水を知ること

ＰＦＡＳがどういう化学物質で、私たちにとってどのような健康へのリスクをもたらすのかがわかったところで、いよいよ、そうしたＰＦＡＳがどのようなものに含まれていて、いかにしたら摂取を減らすことができるのか、ＰＦＡＳの研究データを参考にして、対策法や選び方をお伝えすることにしましょう。

まず、ＰＦＡＳは私たちの身体のどこから入ってくるのでしょうか？

一番気をつけなければいけないのは、口から直接摂り込んでしまうことです。大気中に拡散している場合もありますが、一般的には呼吸とともに吸い込む量は心配する

ほどの量にはならないでしょう。

肌について体内に入る経皮吸収ということもありえますが、ＰＦＡＳの濃度が相当高くなければ大きな摂取量にはなりません。やはり、それ以上に注意しなければならないのは直接口の中に入って、そのまま身体の中に摂り込んでしまうことです。ＰＦＡＳは腸管からの吸収がよいためです。

ただ、Ｐａｒｔ１でも触れたように、ＰＦＡＳは目に見えません。そして臭いもしません。私たちが気がつかないうちに、知らず知らずにＰＦＡＳが口に入ってきていることもあるでしょう。

自分が飲んでいる水道水のＰＦＡＳ濃度を確認する

口から入ってくるということで、まず考えなければならないのが水です。それこそ毎日飲み、調理にも使うものですから、その水が汚染されていたら摂取する量に直結します。なにより、**ＰＦＡＳは水に溶けやすいので、汚染される可能性が高く、注意が必要**だと思います。

個人で家庭ごとに検査することは難しいですが、20年に厚生労働省が水道水の暫定目標値を設定してから、多くの自治体で検査を行うようにもなっています。

住んでいる地域の市役所や役場に、水道水のＰＦＡＳ濃度がどのくらいなのかを尋ねてみることをおすすめします。水道局の窓口に直接問い合わせてもいいですし、自治体によってはホームページで公表しているところもあります。

この他、公益社団法人「日本水道協会」（http://www.jwwa.or.jp）が公開している水道水質データベースがあります（http://www.jwwa.or.jp/mizu/）。

こちらでは、水道水のもとになる「原水」、原水から作った水道水が浄水場から出てきた「浄水場出口水」、その後の実際の蛇口から取られた「給水栓水」、浄水場出口水と給水栓水をあわせたデータ「浄水（給水栓水等）」を調べることができます。そ

地域の水道水のPFAS検査の結果はどうすればわかる？

住んでいる地域の「PFAS」濃度は調べられる？

➡東京・千葉・神奈川・茨城・群馬は水道局か自治体HPから確認できる。
➡栃木・埼玉は住んでいる地域の水道局に問い合わせが必要。
➡この他、公益社団法人「日本水道協会」が公開している「水道水質データベース」http://www.jwwa.or.jp/mizu/より確認。

東京都水道局の例

水道局HPなどで「配水系統」を検索。

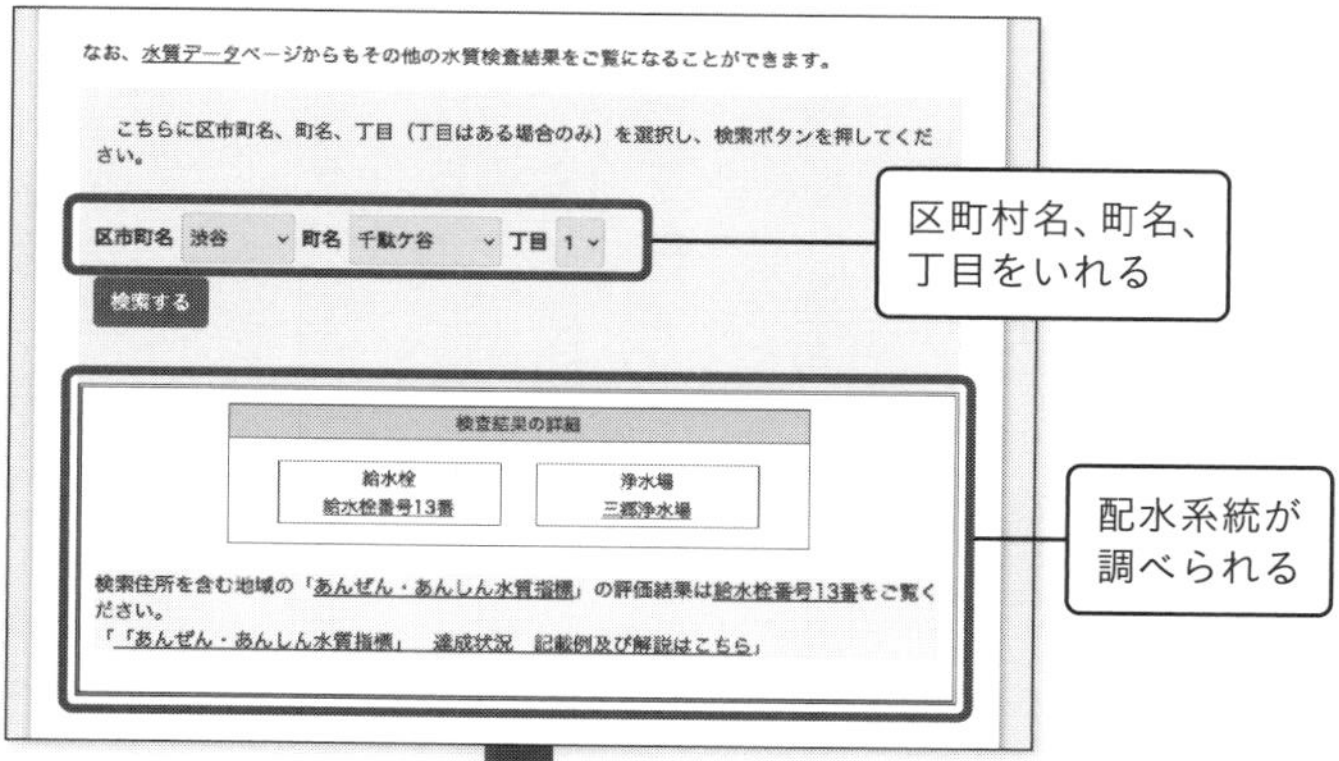

有機フッ素化合物（PFOS等）検査結果から自分が住むエリアの給水栓または浄水所の検査結果をみることができる。

※詳しくはお住まいの地域の水道局にお問い合わせください。

れぞれに、市町村の水道である「上水道事業」、都道府県が市町村などに供給している「水道用水供給事業」の区分があります。この中に過去3年間の「基準項目」、「管理目標」、「農薬類」の検査結果が都道府県単位でまとめられています。ＰＦＡＳの結果は「管理目標」に含まれています。

ＰＦＯＳとＰＦＯＡの濃度の合計が50ng／ℓより十分低くなっているようでしたら、そのまま飲み続けてもそんなに影響を受けることはないでしょう。

ただ、50ng／ℓを超している、ないしはギリギリ下回っているという数値の場合は安心できません。**多くの自治体では年1回程度の検査ですので、たまたま目標値より低い数値であっても、時期によって超過していることもありうるのです。**

行政として、数値を下回るようなどんな対策を取っているのかを確認すべきです。なにも対策をしていないようなら、「なぜしていないのか、対応するべきではないか」としっかり意見を伝えるべきだと私は考えます。

たとえば、長野県長野市では松代地区寺尾の給水栓水から58ng／ℓのＰＦＯＳとＰＦＯＡが検出されたため、より低い独自基準として25ng／ℓを設定しています。

検査をしていない地域は、「検査が急務」と訴える

ここまでは、あくまでもＰＦＡＳの検査をしているという前提での話となります。

国が掲げた暫定目標値50ng／ℓはあくまで「目標」値であって、**検査自体は義務にはなっていません。そのため、いまだ検査を行っていない自治体も結構多いのです。**

今、ＰＦＡＳの検査をしている**浄水場の水質検査地点は、１０００か所ぐらいと言われていますが、実際、全国にはその９倍の９０００を超す浄水場があります。**そう考えると、検査は十分とは言い難いでしょう。どこでも汚染がある可能性があるので、本来は各自治体がしっかり調査し、全国くまなく調べるのが望ましいわけです。

もし、市役所などに問い合わせをして検査をしていないことがわかったら、「検査す

る必要があるのではないのか？」と地域住民として声を上げるべきです。
山間部などの水源で汚染の可能性が低いという理由もあげられることがありますが、**汚染が思いもよらないところで発覚してきている昨今の状況から言えば、まずは検査して確認することが重要です。**

ＰＦＡＳを調べるのは個人ではほぼできませんし、費用を負担することも難しいところです。

水道事業者では毎年、水質検査計画を作成して検査をしています。その計画に**「ＰＦＡＳの項目が入っているのか、入れる予定なのか、そうした状況を知りたい」と要請する。**こうしたアクションが検査計画に反映されることにつながります。

そして、ひとりで動くより、近所や知人に声をかけてグループで要望したり、地域の議員に相談して働きかけたりしたほうがより成果が上がりやすいのです。首長宛に直接訴える形でも構いません。行動しなければ、なにも変わらないでしょう。地域住民としてのまちづくりに参画する権利をぜひとも行使して欲しいと私は考えます。

飲み水の水源がどこなのか、調べてみる

ところで、みなさんは毎日飲んでいる水をどこから引っ張って来ているのか、その水源を考えたことがありますか？　蛇口をひねれば水が出てきますが、その水源は必ずあります。

ＰＦＡＳ対策では、そうした水源を把握することも個人としてできる大切なことです。地域の水道局に尋ねれば、水源を教えてくれます。その水源が汚染される可能性がないか、周辺の環境を保全することが重要です。

多くの場合、浄水場の近くの地下水や川の水を利用しています。

　川の水なら、その流域に汚染が起こる場所がないかを調べます。フッ素樹脂に関わる工場や空港、それに基地などがあるかです。

ただ、工場はなかなか判別が難しいです。大阪・淀川近くにあるダイキン工業や、静岡県静岡市の清水にある三井・ケマーズフロロプロダクツなどといった、メーカーとしてフッ素樹脂の原料をつくっている大規模な工場だったらわかりやすいですが、そうしたフッ素樹脂原料を加工する工場が中小を含めて全国にはたくさんあります。半導体関連でも使うし、メッキ加工でも使われます。紙や生地にはっ水加工を施す工場もあります。米国の環境保護庁の調査では、そういった事業所の排水からＰＦＡＳが検出されています。

　便利で機能的な素材であるＰＦＡＳを使っているところは山とあり、どの地域のどの工場がどのくらいの量を使っていたのか、さらには今も使っているのかはほとんど把握されていません。そして、各工場の周りで汚染が見つかっているのかという調査も国内では皆無の状況です。知らず知らずに汚染が進んでいる、そうした可能性が十分に考えられるでしょう。

ある意味、工場があるから汚染されているというのはむしろわかりやすく、そうした典型的ではない事例が出てくるのがＰＦＡＳ問題の厄介なところです。

たとえば、工場などがない、人間も住んでいないような山奥や農地、そんな地域からいきなりＰＦＡＳが検出されるケースが多々あるからです。そうした地域には**廃棄物処分場**があったりするので、そこから浸み出していたり、不法投棄されて放置されたものが原因だったりします。兵庫県の明石川、京都府の綾部市、岡山県の吉備《きび》中央町、熊本県の熊本市の例でも、工場などが特にない場所から検出されました。

ＰＦＡＳ問題はこれまでの公害や環境汚染と違って、発生場所や汚染源が単一でなく、明らかになりにくいことも特徴です。

イタイイタイ病なら、岐阜県飛騨市にあった神岡鉱山から排出されたカドミウムが神通川を汚染したことがはっきりしています。また、水俣病は、熊本県水俣市の新日本窒素水俣工場が排水したメチル水銀化合物が水俣湾の魚介類を汚染しました。
対して、ＰＦＡＳは工場だけでなく、製品として多くの場所で使用され、また廃棄される中で各地の環境に放出されてきました。水に溶けやすい特性のＰＦＡＳは、川、地下水などに流れ込むと、いろんな地域に広がっていきます。そもそもの汚染源もなかなか特定しにくいわけです。

そのため、常日頃からメディアや自治体から発信されるＰＦＡＳの情報に関心を持ち、どのような汚染が起こっているのか、各地の事例を理解することが大切なのです。

地下水を使っているところも意外に多い

一方、自分が飲んでいる水が地下水だったら、どういった場所からくみ上げているのか、そしてその地下水が汚染されている可能性があるかを調べることが肝心です。

地下水は、かつては工業用水などで多量に使用され、地盤沈下の問題もあったように、意外に都市部でも多用されています。自治体の水道水だけでなく、企業や大学、病院といったところ、たとえば私が所属する京都大学も自前の専用水道として地下水を用いています。

自治体の水道を使わないで済む、いわゆる水道代のコストを圧縮できるメリットがあり、私立の小中高校でも地下水を使用しているところが多いのです。自分が勤めている企業や学校に尋ねると、地下水なのかどうかを教えてくれるでしょう。

多くの場合、深い井戸から取水された地下水は水質がきれいという認識でした。しかし、ＰＦＡＳは分解しにくいうえに水に溶けやすいことから、地下深くへも浸透することがあります。

地下水を使っている場合、一度汚染が始まってしまうと切り替えるのが大変です。

なにしろ、急に水道代がかかり始めるので、規模が大きいと年間数千万円の負担増となるところもあります。そのため、検査に二の足を踏んであえてやらないという話もよく聞きます。

ジャーナリストの諸永裕司《もろながゆうじ》さんが調べたところ、東京・多摩地区にある東京学芸大学（小金井市）では１日約７２００ｔの地下水を使っており、22年夏に２つある大型井戸の一つを水質検査しました。すると66ng／ℓと国が定めた暫定目標値の50ng／ℓを超えており、もう一つの井戸が暫定目標値を下回っていたので、同大学では上回ったほうの井戸からの水の供給を停止したと報道されました。

　こうしたときは汚染対策が求められますが、どうしても費用がかかってきます。また、目標値を超したからと言って急性の健康影響があるわけではないという理由で、そのまま使い続けるといったこともあります。

実は集合住宅でも井戸水を使っているところもあり、「水道代はかかりません」と物件の売りにしていたりもします。こうしたところは義務となっている水質基準以外の、コストがかかる目標値の検査はほとんどされていないようです。

私が神奈川県相模原市と東京都町田市の計25カ所の井戸水や河川水を東京新聞と共同で調査したときは、8カ所で国の暫定目標値を超えていました。その井戸水を使っていた相模原市の集合住宅では水道に切り替えることを決め、住民に伝えたそうです。

自分が飲んでいる水が地下水で、検査をされていないようでしたら、水道水と同じで検査をするように管理側に伝えることが望ましいでしょう。

汚染された水対策の決め手とは？浄水器を使えば、個人でもＰＦＡＳを除去できる

では、毎日飲んでいる水がＰＦＡＳを多く含んでいるとわかったら、どうしたらいいでしょうか？

「煮沸《しゃふつ》消毒をしたら、除去できますか？」

よく、こう尋ねられますが、煮沸は揮発性の成分（残留塩素やトリハロメタン）を除くためには役立ちますが、ＰＦＡＳは一度水に溶けてしまうと、非常に蒸発しにくくなると言われています。おそらく煮沸しても分解しないし、飛んでもいかないのです。あまり効果はないと思われます。

アメリカで調査された
ペットボトルの水に含まれていたPFAS

ペットボトル入りの水からもPFASが検出されることも。

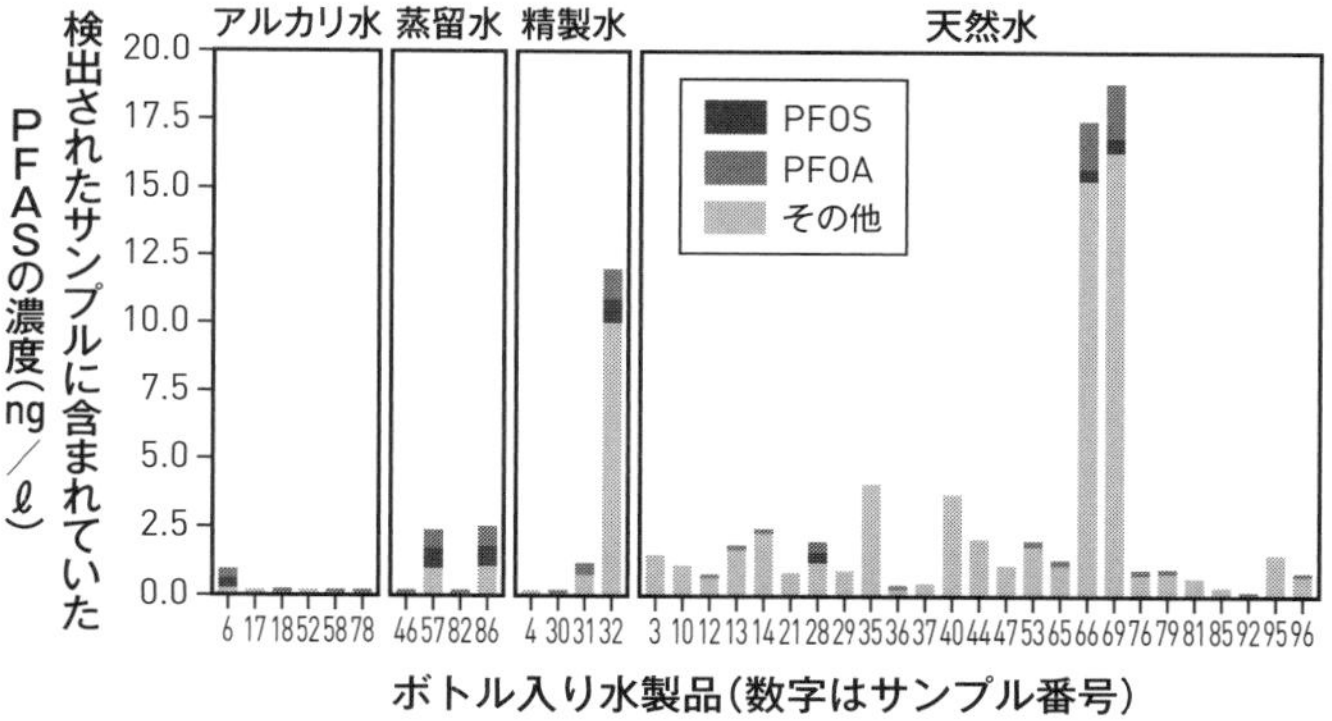

出典：Chow SJ, O jeda N , Jacange lo JG , Schw ab K J. Detection of ultrashort-chain and other per- and poly fluoroalkylsubstances (PFAS) in U.S. bottled water. *Water Res.* 2021 Aug 1;201:117292. doi:10.1016/j.watres.2021.117292. Epub 2021 May 27. PM ID : 34118648.

「水道水を飲むのを止めて、ペットボトルの水を買って飲むのはどうですか？」

水道水のＰＦＡＳ濃度が高いのであれば、地下水などを水源とした天然水を飲むという選択肢もありえます。しかし、こちらも、不安な報告があります。

米国で、ＮＧＯが１０１種類に及ぶボトルウォーターでＰＦＡＳが混入していないか、調査を行いました。すると、15種類のＰＦＡＳが検出され、最大濃度が18ng／

ℓに達したものもあったそうです。製造工程で入ってしまったのではないかと分析されています。日本のメーカーではそんなにひどいことはないだろうとは思いますが、ペットボトルの水といえども安心して飲めるわけではないのです。

ジャーナリストの植田武智《たけのり》さんが各メーカーに問い合わせた結果では検査を行っていないところや回答を拒否したところが多かったとされます（https://uedatakenori.com/805/)。

浄水器の設置は個人の取れる対策の一つです。水に含まれる有機物を除去する活性炭が新しい状態であれば、９割以上のＰＦＡＳ（特にＰＦＯＳやＰＦＯＡ）を取り除くことができると言われています。個人でできる、かなり効果的なＰＦＡＳ対策でしょう。

私が沖縄や東京・多摩地域で血液中のＰＦＡＳを測る調査をしたときも、浄水器を使っている方は、使っていない方に比べて平均的に血液中のＰＦＡＳ濃度が低く検出されました。浄水器が一定程度、有効なことを物語っています。

活性炭のカートリッジは小まめに取り換えるのがポイント

浄水器を使うことは個人の対策としてありえますが、市販の浄水器はいろいろあり、中には十数万円もする高いものもあります。ただ高ければいいというものではなく、安価なものでもある程度効果は期待できます。

ただし、カートリッジ（フィルター）に水をしっかり通している浄水器かどうかは確認してください。安価なタイプでは、活性炭が入っていても水がほとんど素通りしてしまうものがあるので気をつけてください。

浄水器をつけずに流したときの水の勢いと、浄水器をつけたときの水の勢いを比べてみて、ゆっくり流れてくるようだったらカートリッジをしっかり通り、水をろ過している証拠です。切り替え式タイプなら、浄水器使用のモードにすれば、水の流れが遅くなることがわかります。

浄水器のろ過材には活性炭のほかに、**中空糸膜**（中が空洞になっている糸状の膜）や不織布を使ったものがあります。活性炭は有効ですが、中空糸膜でも効果がありそうです。**イオン交換樹脂**というタイプもありますが、こちらはＰＦＡＳを対象としたもの（陰イオン交換樹脂）でないと効果がありません。

ちなみに、浄水器と似たようなもので**軟水器**というものも売られています。こちらは水の硬度の高い地域でよく利用されている、陽イオン交換樹脂でできているものですが、カルシウムなどは取れるものの、ＰＦＡＳは取れません。

水中に溶け込んだ不純物と透過水を分離させる**逆浸透膜浄水器**というものが、一番性能がよく、しっかりと除去してくれますが、工場などで使われるものが多く、残念ながら家庭用で取り扱っているところはほとんどありませんし、高額です。

どのような浄水器を使う場合でも最も大切なのは**小まめなカートリッジの交換など**

浄水器の機能の違い

活性炭フィルター	炭を熱や化学処理することで、細かい孔を作って、有機物を吸着しやすくしたものが活性炭。活性炭を用いたフィルターで、カルキ臭・トリハロメタン、農薬などを除去する。不織布と合わせてろ過機能を高めたものもある。
中空糸膜フィルター	無数の細かい孔が空いた繊維フィルター。活性炭などと組み合わせることで、幅広い物質の除去に対応している。
逆浸透膜(RO膜)フィルター	中空糸膜の細かい孔をとても小さくしたRO膜により、様々な物質が溶け込んでいる水から「水の分子だけ」を通過させられる。飲用できないレベルの水も処理できるが、ミネラル類も除去される。

出典・参考：https://www.nihon-trim.co.jp/media/1664/

のメンテナンスです。水に溶けやすいＰＦＡＳを除去しようとすると、他の物質より浄水器の性能も落ちやすく、効果がなくなるのが早くなりがちです。

多くの活性炭のカートリッジだと、1日2ℓの水を使うなら、カートリッジは3〜5か月で交換するように推奨されています。メーカーサイドで「3か月で交換」と書かれているものでしたら、1か月早めた2か月ぐらいで交換することをおすすめします。これは他の有機物に比べて、ＰＦＡＳは取れにくいという性質のためです。

浄水器のＰＦＡＳ除去性能を示している

製品もあります。その中には、かなりの水を通水したあとでも除去性能が高いとうたっているものもあります。しかし、性能を試験している条件として、「他の不純物をあらかじめ除去したきれいな水にＰＦＡＳを加えて」いるというものが多いです。ＰＦＡＳしかない場合には除去性能が高く、長持ちするということは間違いではないと思います。しかし、実際の水道水には様々の成分が含まれるために、表示されているほどの性能があるとは限りませんし、効果がなくなるまでに期間が短くなることもありえます。そのため、**表示されている除去性能や価格が高くなくても、早めに交換することが効果的**にもなります。

基本的には飲み水や料理に使う水に、浄水器を使えば、水からの摂取を減らすことには十分と考えられます。シャワーや風呂で仮に身体の外側にＰＦＡＳがついても、すぐにタオルなどで拭き取ることとなるので、除くことができます。肌を通して入る割合は少ないため、神経質になる必要はありません。

小まめなカートリッジの交換は長い目でみると、家計の負担となってきます。水道水の濃度が高い場合にＰＦＡＳから身を守れるということから選択肢となりますが、やはり大本の浄水場での対策を行政などに要望することが重要と考えます。

市内の地下水を使用した水道水が国の目標値を超した岐阜県各務原《かかみがはら》市では、対象区域内の小中高校、特別支援校の蛇口に浄水器を設置しました。濃度が66ng／ℓだった小学校では5ng／ℓ未満に下がったようです。

同じように、東京多摩地域の府中市と小金井市にキャンパスを構える東京農工大学では、地下水の専用水道は使い続けながら、飲み水用には浄水器を取りつけています。

住みやすさの評価には「飲み水」も重要

住む家を選ぶ際、駅に近くて便利とか、緑が多くて静かという立地が重要な条件になっていましたが、こうした飲み水の問題も出てきていることから、「飲み水の水質」

も評価される必要があるのではないでしょうか。

生活環境にとって、水はとても重要です。これまでは「地下水なので水が美味しい」「料理も一段と美味しく感じる」と五感に訴えることがありましたが、健康への影響も考えていくべきです。**各種の汚染物濃度が低く、安心して飲める水を確保できる。そういうことを含めた「暮らしやすさ」をしっかりと考えていく必要がある**と私は思います。それが地域の環境の良さをアピールすることになると考えます。その基本はしっかり調査をした結果に基づく必要があります。

水が美味しいと言われた東京・多摩地域は、濃度が高い地下水の使用を止めて、利根川や荒川からの水を引き込んでいます。おそらく川の水が主となるので、昔ほど多摩の水は美味しくなくなっているかもしれません。健康へのリスクを下げるためですが、地域の資源が損なわれたことは残念であると思います。

沖縄でも湧き水が豊富ですが、いくつかの場所ではＰＦＡＳの汚染のために利用できなくなりました。湧き水は歴史的にも地域で利用されてきたものであり、飲めなくなった事自体が地域にとって大きな問題ではないでしょうか。

食品からのＰＦＡＳ摂取

口から摂り込みやすいという点では、毎日食べる食品も関わっています。

水に溶けやすいＰＦＡＳはこれまで数十年使われてきた中で、川や海に流れ込んできました。海は非常に広いので、ＰＦＡＳはかなり希釈されて、濃度は川や湖よりは低いことがわかっています。しかし、**いくつかのＰＦＡＳ、たとえばＰＦＯＳは水の濃度に比べれば、１０００倍以上、生物に蓄積することがわかっています。**

そのため、魚介類は重要な対象となります。サカナたちもＰＦＡＳを口やエラから摂り込み、身体の中でためている可能性があり、それを食べている人間に戻ってくるのです。

京都府の成人での血中PFOA濃度とサカナの摂取量を示すEPA（エイコサペンタエン酸）の多さの関係

サカナを食べる頻度が高いと体内のPFOA濃度が高かった。

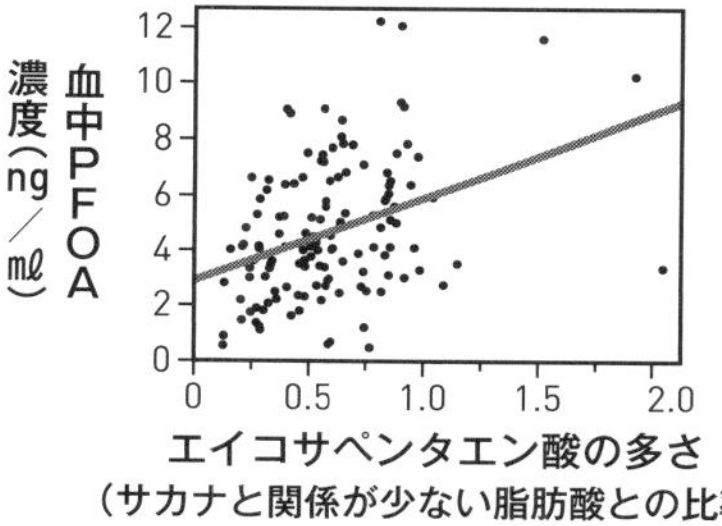

出典：Soleman SR, Li M, Fujitani T, Harada KH. Plasma eicosapentaenoic acid, a biomarker of fish consumption, is associated with perfluoroalkyl carboxylic acid exposure in residents of Kyoto, Japan: a cross-sectional study. *Environ Health Prev Med*. 2023;28:38. doi: 10.1265/ehpm.22-00302. PMID: 37344401; PMCID: PMC10287988.

イワシやサバといった、いわゆる青ザカナに多く含まれているＤＨＡ（ドコサヘキサエン酸）は、人間の記憶や学習といった脳の機能に重要な役割を担っていると言われます。また、ＥＰＡ（エイコサペンタエン酸）も同じ脂質で人間の体内でつくることができない必須脂肪酸です。

　このＤＨＡとＥＰＡが血液中に多い人、つまりサカナを多く食べている人ほど、ＰＦＡＳ濃度も高いという調査報告もあります。サカナが、ＰＦＡＳの摂取ルートの一つになっているのは確かなようです。

ただ、たんぱく源として魚介類は赤身肉などよりも健康によいとされています。ＰＦＡＳ濃度が高いからといって魚介類をさけることはすすめられません。魚介類の汚染を防ぐためにＰＦＡＳの放出を防ぐことが必要ですし、**汚染が強い場所での魚介類を摂取しないこと**が重要です。

海より川に棲むサカナたちのほうが、濃度が高い可能性

どのサカナに気をつけるべきか、魚種としてはあまりわかっていませんが、強いて言うなら、海より川にいるサカナのほうに用心すべきでしょう。海は広く、ＰＦＡＳは均一に希釈され、またサカナたちも様々なところから捕られるので影響が平均的になります。対して川は、棲む川自体が汚染されていれば、サカナもそのＰＦＡＳ濃度に応じて汚染されるリスクは高くなっていきます。

神奈川県相模原市の道保川で採られたサカナ、ザリガニのPFAS濃度

サカナの身より肝臓にPFASがたまりやすい。

相模原市道保川魚類調査　濃度(ng/kg)

No	サンプル		PFOS合計	PFOA合計	PFOS+PFOA
1	ドンコ	身	3325	1065	4389
		肝臓	87477	2393	89870
2	ドンコ	身	863	非検出	863
		肝臓	8187	716	8903
3	ドンコ	身	3446	505	3951
		肝臓	29704	2545	32249
4	ドンコ	身	24789	475	25263
		肝臓	99848	2186	102034
5	カワムツ	身	7319	297	7615
		肝臓	132400	7436	139836
6	カワムツ	身	28793	204	28997
		肝臓	126048	2661	128710
7	ザリガニ	身	2553	700	3253
		肝臓	5328	1170	6498
8	ザリガニ	身	5969	1023	6992
		肝臓	14137	530	14667

出典：東京新聞・京都大学共同調査

23年10月に神奈川県相模原市の東部を流れる、ＰＦＡＳ濃度の高い道保《どうほ》川（長さ約3・7キロの、相模川の支流で、相模原市内にある道保川公園の湧き水が水源）で、サカナのＰＦＡＳ濃度をさがみ地域協議会と共同で調査しました。上流から約3・5キロの地点で、カワムツ2匹、ドンコ4匹、アメリカザリガニ2匹を採取して、身と肝臓に分けて調べました。

すると、カワムツの肝臓でＰＦＯＳとＰＦＯＡの合計値が1キロ

当たり14万ng、身で2万９０００ngとかなり高濃度の数値が検出されたのです。環境省が21年度に調査した魚類に含まれるＰＦＡＳ濃度の平均値は85ng／kgなので、カワムツの肝臓はその１６００倍を超す濃度だったわけです。

環境省や農水省が行った別の調査によると、ＰＦＯＳのほうが濃縮される傾向にあり、対してＰＦＯＡはあまり濃縮されていませんでした。このことからＰＦＯＳ濃度が高い水域では濃縮されることを注意する必要があります。

ＥＵの食品安全機関は、これ以上の量を食べると健康リスクの恐れがあるという**「耐容週間摂取量（ＴＷＩ）」**というのを定めています。これによると、１週間に体重１キロ当たり４・４ng以上のＰＦＡＳを摂取し続けると「健康リスクの恐れがある」としています。

たとえば、体重50キロの人であれば、１週間に２２０ng以上を摂取する換算となります。道保川のカワムツの身であれば、たった８ｇ食べただけで２３２ngとその数値を超すこととなるのです。欧州連合ではいくつかの魚種に対して７０００〜３万５００００ng／kgほどの最大耐用濃度を定めました。ちなみに、**国内ではこうした食品に含まれるＰＦＡＳ濃度の目安はまだありません。**

汚染されたサカナを食べれば、サカナの中で蓄積されたＰＦＡＳをほぼすべて摂り込むこととなりますので、汚染された食品を検査していく必要があります。

神奈川県や相模原市の調査ですと、道保川は源流付近でＰＦＡＳ濃度は３００ng／ℓ、サカナを採取した地点付近で１００ng／ℓを検出していて、国の暫定目標値の50ng／ℓを超えています。ＰＦＡＳ濃度が高い、汚染された川のサカナは無闇に食べないほうがいいと言えるでしょう。

身より肝にＰＦＡＳがたまりやすい

前出のカワムツのように、身より肝臓のほうが濃度は高めで、内臓部分にＰＦＡＳが蓄積しやすいのがわかります。そのため、きれいな環境であることがわかっていなければ、**肝などはあまり食べないほうがいいかもしれません。**

なお、**生でなく、焼き魚など熱を加える調理をしてもＰＦＡＳはほとんどなくなりません。**やや低下するという報告もありますが多くは残ったままです。水の煮沸がＰＦＡＳ除去に効果がないのと同じです。

相対的には、ＰＦＡＳ濃度が高い川のサカナのほうが汚染リスクが高くなります。趣味で釣りをする人は、川のＰＦＡＳ濃度がわかっていなければ、川の釣果を頻繁に食べるのは控えたほうがいいでしょう。せっかくの獲物ですが、放流することがよいかと思います。外来魚のキャッチ・アンド・リリースが禁止されている地域もありま

サカナの練り物を茹でたり、揚げたり、炒めたり、蒸した後の冷水処理(ブランチング)時間とPFAS濃度の変化

茹でたり、揚げたりすると対照群(生)の濃度よりはやや低下した。

数値は練り物のPFAS濃度(ng/g)の平均値と平均の誤差の範囲。

化合物	対照群	ブランチング			茹でる	揚げる	炒める
		5秒	10秒	20秒			
PFOA	0.20±0.07	0.17±0.01	0.16±0.02	0.19±0.02	0.06±0.01	0.06±0.01	0.07±0.01
PFOS	1.29±0.15	0.19±0.07	0.94±0.07	0.87±0.08	0.93±0.02	1.16±0.11	1.15±0.13

カニを蒸した後の身と蒸し汁のPFAS濃度

生のカニの身より、蒸すと少し濃度が下がり、蒸し汁にPFASが移っていた。

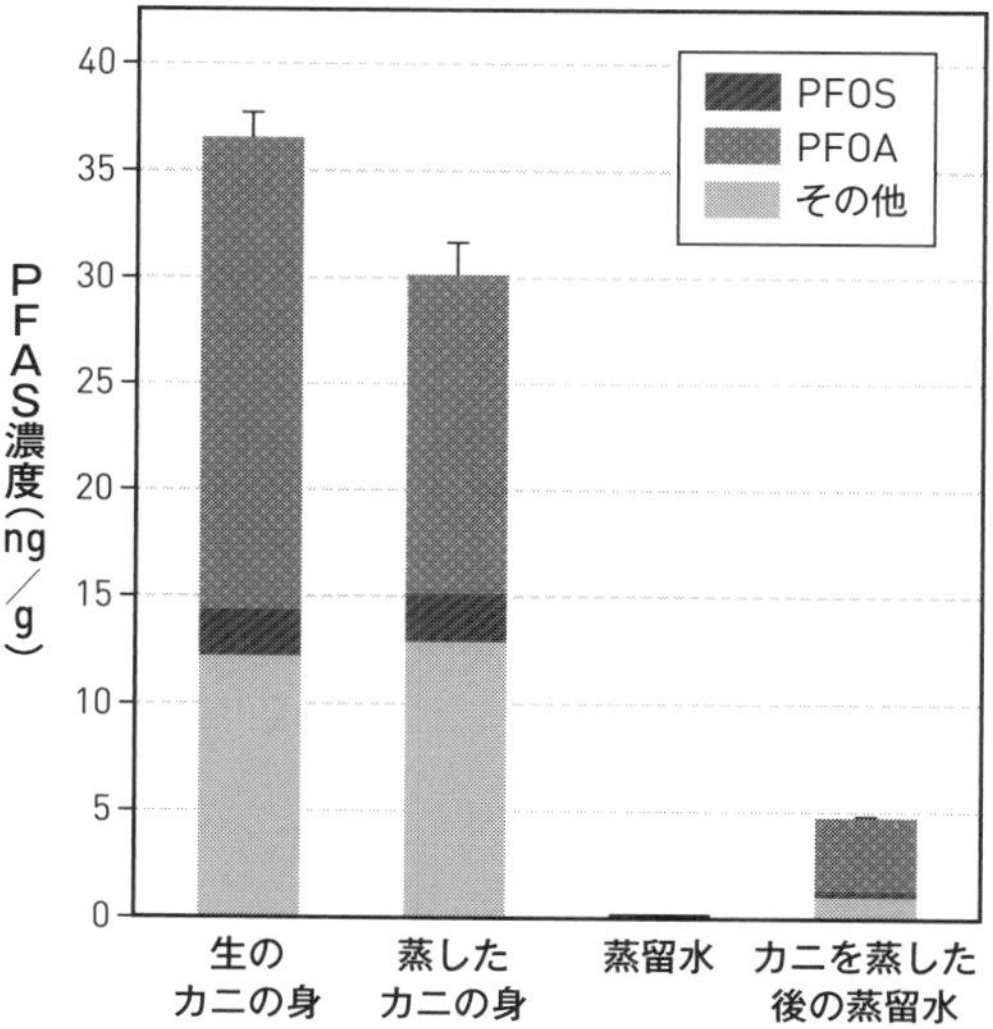

上記2つの図

出典:Luo, L., Kim, MJ., Park, J. et al. Reduction of perfluorinated compound content in fish cake and swimming crab by different cooking methods. *Appl Biol Chem* 62, 44 (2019). https://doi.org/10.1186/s13765-019-0449-x

すので、指定の廃棄方法に従ってください。

「養殖と天然では、どちらが濃度が高い？」

こういう問いもよく聞かれますが、天然のサカナはそもそもどこで育ち、どこから来たのかわかりませんので、比較がむずかしいです。養殖は比較的、陸に近いところで育てているので、ＰＦＡＳに汚染されやすい可能性もあります。違いに関する調査は今後進めていく必要があります。農林水産省も21年に化学物質サーベイランス事業の中にＰＦＡＳを位置づけています。その結果はまだ公表されていません。

前述したように、サカナに関してはＤＨＡやＥＰＡといった大切な栄養成分があって、健康のことを考えると食べることを全面的に控えるのはあまりおすすめできません。サカナを食べないようにするというより、ＰＦＡＳ対策をしっかり講じて、安心してサカナが食べられる環境を一刻も早く整えるべきだと考えます。

肉類はサカナほど心配しなくても良さそう

厚労省が07年に、環境省と農水省が14年に実施した調査で、17の食品群を分類して、各々のＰＦＡＳ濃度を分析しました。それによると、魚介類が最も濃度が高かったのに対し、肉類は若干あるものの、あまり影響がないのではないかと位置づけられています。

牛や鶏は飼料で飼育されるためにあまり影響を受けないと言われています。しかし、飼料や水が汚染されていれば影響を受ける可能性があります。米国では汚染事例が発覚し、積極的に検査を行っている州（メイン州など）もあります。

農林水産省が行った食品中のPFAS濃度の検査

食品の中では魚介類の濃度が高いのがわかる。
東京、大阪、名古屋、福岡の4地域において、マーケットバスケット方式によるトータルダイエットスタディを実施。国民健康・栄養調査の17の食品群を代表する食品と容器入りをランダムに選び、平均推定摂取量の下限値(LB)と上限値(UB)を推定して分析した結果、魚介類で高い数値が出た。

食品群ごとの平均値(LB)ー平均値(UB)(単位:ng/kg食品)

農林水産省トータルダイエットスタディ(2012ー2014)		
項目	PFOS	PFOA
魚介類	440-440	45-69
藻類	5-15	36-44
肉類	10-17	4-18

出典:農林水産省消費・安全局. PBDE類及びPFC類のトータルダイエットスタディ.第108回日本食品衛生学会学術講演会, 2014.12.
https://www.maff.go.jp/j/syouan/seisaku/papers_posters/pdf/108th_eisei3.pdf

環境省が2017年に行った魚介類に含まれるPFAS濃度の検査結果

環境省が22サンプルの魚類と貝類を分析した。(範囲)はその濃度の最小値と最大値を示す。ndは非検出。trはわずかに検出されたことを示すが、正確な量はわからなかった。

(ng/g)

環境省化学物質実態調査(2017)				
項目	PFOS		PFOA	
	検出数/検体数	中央値(範囲)	検出数/検体数	中央値(範囲)
貝類	2/3	0.034 (nd-0.16)	2/3	tr (nd-0.018)
魚類	19/19	0.150 (tr-11)	12/19	tr (nd-0.079)

出典:環境省. 平成29年度版　化学物質と環境. モニタリング調査
https://www.env.go.jp/chemi/kurohon/2017/sokutei/pdf/03_03_15.pdf
https://www.env.go.jp/chemi/kurohon/2017/sokutei_monita.html

大阪府摂津市の農家の方の血中PFAS濃度の変化

土壌の汚染度が高い場合、そこで育てる農作物にもPFASが入り込んでいる可能性がある。

血液中PFAS濃度（ng/mℓ）

住民	2021/10			2022/09			2022年の2021年に対する比率(%)
	PFOS	PFOA	PFOS+PFOA	PFOS	PFOA	PFOS+PFOA	
A	33.3	140.9	174.2	12	98.8	110.8	63.6
B	31.8	79.7	111.5	23.9	54.7	78.6	70.5
C	9.3	190.7	200	16	117	133	66.5
D	22.1	81.8	104	13.8	81.7	95.5	91.9
E	12.6	103.4	116	6.7	76.6	83.2	71.7

出典：京都大学調査より

土壌が高濃度で汚染されると野菜にも影響がありうる

大阪府摂津市のダイキン工業淀川製作所周辺での調査では、土壌や地下水から高濃度のＰＦＯＡが検出されました。この地域で農業を営む人たちの血液検査をしたところ、ＰＦＯＡが１００ng／mℓ近い濃度の人がいました。

汚染がない地域では1桁程度の濃度であることから比べれば極めて高い濃度でした。

聞き取りをすると、自分でつくった農作物を食べていたようで、農作物が汚染ルートとなっていたのではないかと見ています。食べないようにアドバイスした１年後、程度の差はありましたが、血中ＰＦＯＡ濃度が７割程度に低下していました。

　汚染された土壌で育てた農作物には一定の割合でＰＦＯＡが入り込んでしまうのかもしれません。土壌中濃度は１キロ当たり数千ngほどのＰＦＯＡが検出されていました。そして、そこで栽培された作物には１キロ当たり数十から３００ngくらいまで含まれていました。移行の割合は３％くらいから10％くらいになると考えられました。

　また、ＰＦＡＳは水に溶けやすいので作物の水の含有量にも差があると考えられました。水への溶けやすさはＰＦＡＳによっても異なりますので、作物への移行にも違いが出ます。ＰＦＯＳはＰＦＯＡよりは作物へ入り込みにくいという結果でした。また土壌で育てた場合と水耕栽培で育てた場合の比較の研究もあります。この場合では土壌への吸着がないため、根にＰＦＡＳが集まったという結果でした。ＰＦＡＳが水に溶け出さないような工夫も重要と考えられます。

現在、**農作物の検査項目にＰＦＡＳは含まれていませんので個別に濃度を知ることはできません。一般的な食材での調査では魚介類よりは少なかったとされています。**ＰＦＡＳが高い場所での、行政の定期的な検査で濃度を調べることが安全性を確認し、消費者の安心を得ることにつながります。

海外での加工品や冷凍食品の検査結果

加工品や冷凍食品について、検査した報告があります。

18年に米国の食品医薬品局（ＦＤＡ）が、カンザス州の食料品で売られている１７２個の加工食品を検査しました。すると、冷凍のフィッシュスティックとパテ、マグロ缶詰からＰＦＯＳが検出されました。

そもそも原材料にＰＦＡＳが入っていたのか、加工時に混入したのか、定かではありませんが、サカナを使用している点で前者のようにも思えます。特定の製品で濃度

アメリカで流通していた加工食品に含まれていたPFAS

汚染されたサカナを原料とすれば加工食品にもPFASが残る可能性がある。

(ng/kg)

項目	PFOS	PFNA	PFDA
ツナ（水煮）	76		72
フィッシュスティック、パテ（冷凍）	33	50	
プロテインパウダー（濃縮）	140		

出典：Genualdi S, Beekman J, Carlos K, Fisher CM, Young W, DeJager L, Begley T. Analysis of per- and poly-fluoroalkyl substances (PFAS) in processed foods from FDA's Total Diet Study. *Anal Bioanal Chem*. 2022 Jan;414(3):1189-1199. doi: 10.1007/s00216-021-03610-2. Epub 2021 Aug 26. PMID: 34435208.

が高いということはないとされていますので、加工食品だから問題があるとまでは言えません。

しかし、ＦＤＡや日本のＮＧＯ（食の安全・監視市民委員会）による調査では**中国の黄海産のアサリからは比較的高い濃度のＰＦＯＡが検出された**という報告があります。沿岸に近いので、汚染の影響を受けやすいのでしょう。

シーフードミックスなどに含まれているアサリなどは中国産が多いということもあるので産地を確認して選ぶのもよいでしょう。

ＰＦＡＳに囲まれて暮らしている今、身の回りでチェックすべきこととは

ＰＦＡＳがどこに使われているのか？

家の中にあるものや毎日使っているものなどにＰＦＡＳが潜んでいるのか、それをチェックしていくのは簡単ではありませんが、可能性がある製品を知ることで、摂取を避けることもできるでしょう。

様々なものからＰＦＡＳは出てくる

北欧で16年までの3か年にわたって、生活用品に含まれているＰＦＡＳを分析する

北欧で2016年に集められた製品中のPFAS濃度

PFASの中でも、PFOAが様々な製品に含まれていた。

＜LOD：分析装置の性能では検出できなかったことを示す。

サンプル番号	製品	濃度（μg/平方メートル）							
		PFBA	PFHxA	PFOA	PFNA	PFDA	PFBS	PFHxS	PFOS
1	カップケーキの型	0.05	＜LOD	**0.03**	＜LOD	＜LOD	＜LOD	＜LOD	＜LOD
2	電子レンジ用ポップコーン	0.34	0.15	**0.19**	＜LOD	＜LOD	＜LOD	＜LOD	0.14
3	電子レンジ用ポップコーン	0.35	＜LOD	**0.19**	＜LOD	＜LOD	＜LOD	＜LOD	＜LOD
4	電子レンジ用ポップコーン	0.21	0.06	**0.20**	＜LOD	0.14	＜LOD	＜LOD	＜LOD
5	電子レンジ用ポップコーン	0.43	0.65	**0.13**	＜LOD	＜LOD	＜LOD	＜LOD	＜LOD
6	リンスエイド（食洗機乾燥仕上げ剤）	＜LOD	＜LOD	**0.75**	＜LOD	＜LOD	＜LOD	＜LOD	＜LOD
7	リンスエイド（食洗機乾燥仕上げ剤）	＜LOD	＜LOD	**0.75**	＜LOD	0.47	＜LOD	＜LOD	＜LOD
8	靴用防水	＜LOD	＜LOD	**0.53**	＜LOD	＜LOD	＜LOD	＜LOD	＜LOD
9	靴用防水	0.33	2.5	**0.23**	＜LOD	＜LOD	＜LOD	＜LOD	＜LOD
10	服用防水	0.80	3.6	**1.4**	＜LOD	0.45	＜LOD	＜LOD	＜LOD
11	服用防水	0.78	2.3	**0.48**	＜LOD	＜LOD	＜LOD	＜LOD	＜LOD
12	靴革用防水	＜LOD	＜LOD	**0.49**	＜LOD	＜LOD	＜LOD	＜LOD	＜LOD
13	靴用ワックス	＜LOD	4.7	**0.53**	＜LOD	＜LOD	＜LOD	＜LOD	＜LOD
14	床磨き	0.47	5.3	**0.59**	＜LOD	＜LOD	＜LOD	＜LOD	＜LOD
15	家具磨き	＜LOD	＜LOD	**＜LOD**	＜LOD	＜LOD	＜LOD	＜LOD	＜LOD
16	車用ワックス	＜LOD	0.54	**1.4**	＜LOD	＜LOD	＜LOD	＜LOD	＜LOD
17	車用ワックス	＜LOD	＜LOD	**2.8**	＜LOD	＜LOD	＜LOD	＜LOD	＜LOD

出典：Borg, Daniel, and Jenny Ivarsson. "Analysis of PFASs and TOF in products." *Nordic Council of Ministers*. 2017.

北米市場の子どもの衣料品サンプルに含まれるPFAS濃度

子どもの衣料品にもはっ水加工によりPFASが入り込んでいた。

（ng/g）ND：非検出

	学校制服（25サンプル）		アウトドアウェア（16サンプル）		その他（16サンプル）	
	中央値	最小値と最大値	中央値	最小値と最大値	中央値	最小値と最大値
PFPrA	0.651	ND-0.651	1.84	ND-45.9	1.68	ND-2.24
PFBA	2.61	ND-22.6	4.09	ND-6.05	3.87	ND-3.87
PFPeA	0.0441	ND-1.68			0.0719	ND-5.77
PFHxA	1.6	ND-6.47	0.502	ND-3.38	0.213	ND-6.42
PFHpA	0.0706	ND-1.13	0.263	ND-0.635	0.0845	ND-0.719
PFOA	**0.161**	**ND-0.986**	**0.802**	**ND-4.32**	**0.431**	**ND-3.53**
PFNA	0.0806	ND-0.293	0.168	ND-1.25	0.104	ND-0.532
PFDA	0.0514	ND-0.397	0.277	ND-1.79	0.0988	ND-0.967
PFUdA	0.0345	ND-0.090	0.134	ND-0.298	0.119	ND-0.862
PFDoA	0.0443	ND-0.213	0.106	ND-0.495	0.0882	ND-0.596
PFTrDA	0.0428	ND-0.274	0.0676	ND-0.865	0.0834	ND-2.76
PFTeDA	0.0342	ND-0.101	0.0806	ND-0.512	0.0686	ND-0.632
PFBS	0.0109	ND-6.47	0.0134	ND-2.44	0.0108	ND-0.021
PFHxS	0.0643	ND-0.258	0.0915	ND-1.33	0.0865	ND-0.260
PFOS	**0.0247**	**ND-0.225**	**0.0719**	**ND-0.308**	**0.0521**	**ND-0.338**
他のPFASも含めたPFASの合計	728	0.283-153000	111	0.296-4190	35.5	0.250-547

出典：Xia C, Diamond ML, Peaslee GF, Peng H, Blum A, Wang Z, Shalin A, Whitehead HD, Green M, Schwartz-Narbonne H, Yang D, Venier M. Per- and Polyfluoroalkyl Substances in North American School Uniforms. *Environ Sci Technol*. 2022 Oct 4;56(19):13845-13857. doi: 10.1021/acs.est.2c02111. Epub 2022 Sep 21. PMID: 36129192; PMCID: PMC9535897.

調査が行われています。報告を見ると、カップケーキの容器や電子レンジでつくるポップコーンバッグ、食洗器の洗剤（仕上剤）、はっ水加工を施している服・靴、床のワックス、カーワックスといった製品からＰＦＯＡが検出されました。

また歯を磨く際に使うデンタルフロスから別種のフッ素成分が検出されており、調査ではそれがどのようなＰＦＡＳかまでは特定していませんが、おそらくＰＦＡＳの可能性もあります。ＰＦＡＳの種類は多いため、個別に特定することは困難ですが、すくなくともフッ素を含む成分があったということです。

北米での調査で、学校の制服を調査し、合成繊維のものより綿１００％の学生服のほうがＰＦＡＳの濃度が高くなりました。綿にはっ水加工していたと考えられました。

日本では、２０００年代半ばに国立環境研究所がはっ水加工を施した衣料品の調査を行っています。すると、レインウェアをはじめ、ウィンドブレーカーや折りたたみ

気をつけるべきPFAS使用の可能性がある製品と特徴

PFAS使用の主な生活用品

防水スプレー・フライパンや鍋のフッ素樹脂加工品・ハンバーガーやピザなどの包装紙・防水防汚処理されたカーペットや衣類・フルオロ化合物を含むファンデーション・マスカラ・リップなどの化粧品・デンタルフロス・スキー板のワックス・フッ素系のメガネ曇り止め・スマホ画面のコーティング

工業製品

軍事基地や空港・石油化学工場・大規模駐車場などで使用する泡消火剤・半導体製造・金属加工・金属メッキ・工業的研磨剤・表面処理剤

独特の性質

水や油を弾く、熱や薬品に強い、光を吸収しない。自然環境下で分解されにくく蓄積しやすいため、「永遠の化学物質」と呼ばれている。

出典:『PFASガイドブック』(健生会PFAS専門委員会)

2006年までの日本の市販製品に含まれていたPFAS濃度の調査

はっ水加工が施された製品にはPFASが使用されていた。

製品	PFAS濃度(μg/平方メートル)					
	PFOS	PFOA	PFNA	PFDA	PFUnA	PFDoA
子供用ジャージ	非検出	**0.1**	0.016	0.069	0.008	0.026
ウインドブレーカー	非検出	**0.2**	0.046	0.14	0.031	0.05
ウインドブレーカー	非検出	**0.011**	0.11	0.026	0.1	0.018
アウトドアジャケット	非検出	**0.049**	0.025	0.037	0.022	0.025
登山傘	0.029	**0.081**	0.023	0.012	0.009	0.009
折りたたみ傘	非検出	**0.19**	0.02	0.088	0.016	0.025
登山傘	非検出	**0.57**	0.077	0.26	0.036	0.041
婦人傘	非検出	**0.37**	0.034	0.054	0.013	0.027
折りたたみ傘	非検出	**0.55**	0.12	0.37	0.06	0.092
子供用レインウェア	非検出	**0.095**	0.058	0.072	0.036	0.038
レインウェア	非検出	**2**	0.13	0.9	0.033	0.17
レインウェア	非検出	**2.69**	0.16	1.05	0.041	0.14

出典:高澤嘉一　市販製品から抽出されるフルオロアルキル化合物. 第16回環境化学討論会(北九州、2007年)

傘からＰＦＯＡが出てきました。

京都大学でも最近、１００に及ぶ市販製品の調査をし、20年に学会に発表しています。フッ素樹脂加工を施されたものなど、検出の可能性がありそうな84品目で調べてみると、実際にいろいろなＰＦＡＳが出てきました。はっ水加工の衣類やインテリア、それに文具や雑貨からＰＦＯＡなどが検出され、ファストフードやコンビニで使用されている揚げ物などの食品包装でも、加工された食品が直接触れる面から検出されました。

食品包装に関しては、フランスとカナダでも調査が行われており、同様の結果となっています。

「フッ素樹脂加工」と書かれた衣料品

では、そうしたＰＦＡＳが潜む製品からどうしたら身を守れるのでしょうか。

フランスでの食品包装材料47サンプルに含まれていたPFAS濃度の調査

食品包装材からは実に様々なPFASが検出されている。油に強い包装に使われている可能性がある。

＜LOD：分析装置の性能では検出できなかったことを示す。

PFASの種類	濃度の最小値と最大値（ng/g）	平均値	検出されたサンプルの割合（％）
PFBA	＜LOD-4.1	0.2	36
PFPeA	＜LOD-1.5	0.09	34
PFHxA	0.042-3.3	0.3	100
PFHpA	＜LOD-0.5	0.03	28
PFOA	**＜LOD-0.2**	**0.05**	**87**
PFNA	＜LOD-0.09	0.009	79
PFDA	＜LOD-0.09	0.01	91
PFUnDA	＜LOD-0.07	0.006	55
PFDoDA	＜LOD-0.06	0.007	74
PFTrDA	＜LOD-0.1	0.02	62
PFTeDA	＜LOD-0.08	0.02	60
PFHxDA	＜LOD-0.5	0.03	51
PFBS	＜LOD-0.2	0.07	98
PFPeS	＜LOD-0.02	0.003	15
PFHxS	＜LOD-1.4	0.2	91
PFHpS	＜LOD-0.03	0.004	17
PFOS	**＜LOD-2**	**0.1**	**91**
PFNS	＜LOD-0.04	0.003	13
PFDS	＜LOD-0.007	0.003	28
4:2 mPAP	＜LOD-42.7	1.6	94
6:2 mPAP	＜LOD-0.7	0.04	34
8:2 mPAP	＜LOD-2.7	0.3	68
6:2/6:2 diPAP	0.010-1.9	0.1	100
8:2/8:2 diPAP	＜LOD-287	19.3	81

様々なPFASがあるが、PFHxSは国際条約で製造禁止が決められている。
PFNS、PFDS、PFNA、PFDA、PFUnDA、PFDoDA、PFTrDAなどは
PFOS、PFOAと同じ性質を持つと考えられ、規制が提案されている。

出典：Dueñas-Mas MJ, Ballesteros-Gómez A, de Boer J. Determination of several PFAS groups in food packaging material from fast-food restaurants in France. *Chemosphere*. 2023 Oct;339:139734. doi: 10.1016/j.chemosphere.2023.139734. Epub 2023 Aug 4. PMID: 37544525.

まず、衣料品でははっ水加工を施したものはＰＦＡＳが使用されている可能性があります。ただ、**はっ水加工もフッ素樹脂系とシリコン系に分かれ、「シリコン加工」であれば自然界である程度分解されるので影響は比較的少ないでしょう。**

逆に、タグやパッケージに「フッ素樹脂加工」と書かれているなら、ＰＦＡＳを含むことが多いです。これまでフッ素樹脂加工は「性能がいい」と認識されていたので、製品にとっては消費者を引きつける、むしろ売り文句でした。そのため、フッ素樹脂加工はあえて明記することが多いのです。仮に明記されてなくても、メーカーに問い合わせれば最低限答えてくれるでしょう。

また、下着やＴシャツなどは製造時にはっ水加工をしていても、あえて明記していないケースもあります。そのため、**買ったばかりの新品は着る前に一度洗濯をしておくと、溶けやすいフッ素樹脂をある程度落とせるので安心です。**

アウターに関しては、はっ水加工がされていることが多いですが、直接口にしなければあまり影響はありません。ただし、お子さんを抱いたりするときにはアウターに顔がつかないようにすることも一つの策です。

フッ素樹脂加工のフライパンにはPFASはあまり残っていない

フッ素樹脂製品で真っ先に思いつくのが、焦げつきにくいフライパンでしょう。「テフロン」というデュポン社の商品名も有名です。なにしろ、食べるものを料理する道具だけに神経質になりやすいところです。

そうしたフライパンは、フッ素樹脂自体をつくる過程で加工のための補助剤として大量のＰＦＡＳを使いますが、フライパンにフッ素樹脂をコーティングするときに高温の熱で焼きつけるので、ＰＦＡＳは分解して、製品化したフライパンの表面にはほとんど残っていないとされています。

実際、05年に加熱したフライパンの表面を調べた調査では、検出可能なＰＦＯＡ（10平方センチメートル当たり1ng以上）はなかったという報告があります。

京都大学が20年に行った調査でも、新品のフライパンの表面からPFASは検出しませんでした。

「でも、使っているうちにフッ素樹脂がはがれたりします。それを口にしたら、危ないのでは？」

そう思われる人は多いはず。でも、私たちは樹脂を消化することができません。そのため、たとえ口にしたとしても、お腹を通り過ぎてそのまま排出される。体内には蓄積しないと思われます。

一方、注意しないといけないのは、前出の北欧での製品調査でも挙がったカップケーキの型や何回も使えるフッ素樹脂加工されたオーブンシートなどで、PFASが検出されているので、注意が必要です。プラスチック製品は鉄製のフライパンと違って高い熱がかけられないので、もともと含まれていたPFASが十分除去できない可能性があります。

加えて、何度もお伝えしている通り、ファストフードやコンビニの食品包装もPF

ＡＳが検出されています。油が浸み出ないので手がべとつかず、とても便利でした。食品に接しているので食べ物に付着して口に入ることが考えられます。こうした指摘に応じて、マクドナルドやバーガーキングは25年までにＰＦＡＳの使用を止めると発表していますので、そうした動向を注視していきたいです。

化粧品でも使われている「フルオロ」がキーワード

「メークがくずれない」
「色落ちがしない」
「水に濡れても大丈夫」

テレビＣＭなどで、こんな言葉をよく耳にする化粧品ですが、そうした性能を支えてきたのがＰＦＡＳです。

私たちが13年までに行った化粧品の調査では、フッ素化合物を記載した24サンプル

日本の2011年までの化粧品類に含まれていたPFASの調査

防水性などの機能をもたせた化粧品からはかなり高い濃度のPFASが示された。日焼け止めの1-1から1-4は同一ブランドを異なる時期に購入して調査した。

サンプル	製品	PFAS濃度(ng/g)								
		PFHxA	PFHpA	PFOA	PFNA	PFDA	PFUnDA	PFDoDA	PFTrDA	PFTeDA
化粧品										
1	マニキュア	140	45	910	140	450	62	230	16	44
2	マニキュア	24	微量	204	42	108	21	58	8.2	12
3	ファンデーション	410	150	1400	250	880	130	430	56	210
4	口紅	微量	微量	4.1	1	2.8	0.76	2.4	微量	0.75
5	マニキュア(ベースコート)	4.7	微量	15	2.5	7	1.2	3.3	微量	1.5
6	パウダーファンデーション	800	200	1100	380	650	180	360	71	140
7	パウダーファンデーション	110	25	91	22	74	14	43	8	18
8	パウダーファンデーション	1100	170	1700	240	1000	150	940	67	590
9	パウダーファンデーション	910	160	390	110	320	67	160	28	59
10	リキッドファンデーション	2100	290	1500	230	610	110	260	35	84
11	リキッドファンデーション	55	13	43	3.4	12	2.1	5.9	0.91	1.8
12	ファンデーション	180	150	430	340	270	150	140	56	62
13	ファンデーション	360	25	7.9	微量	3.6	微量	微量	非検出	非検出
14	口紅	非検出	非検出	非検出	非検出	非検出	非検出	非検出	非検出	非検出
15	パウダーファンデーション	非検出	非検出	非検出	非検出	非検出	非検出	非検出	非検出	非検出
日焼け止め										
1-1	乳液	140	45	910	140	450	62	230	16	44
1-2	乳液	24	微量	204	42	108	21	58	8.2	12
1-3	乳液	410	150	1400	250	880	130	430	56	210
1-4	乳液	微量	微量	4.1	1	2.8	0.76	2.4	微量	0.75
2	乳液	4.7	微量	15	2.5	7	1.2	3.3	微量	1.5
3	乳液	800	200	1100	380	650	180	360	71	140
4	パウダーファンデーション	110	25	91	22	74	14	43	8	18
5	リキッドファンデーション	1100	170	1700	240	1000	150	940	67	590
6	ファンデーション	非検出	非検出	非検出	非検出	非検出	非検出	非検出	非検出	非検出

出典：Fujii Y, Harada KH, Koizumi A. Occurrence of perfluorinated carboxylic acids (PFCAs) in personal care products and compounding agents. *Chemosphere*. 2013 Sep;93(3):538-44. doi: 10.1016/j.chemosphere.2013.06.049. Epub 2013 Aug 6. PMID: 23932147.

のうち21種類でＰＦＡＳが含まれていました。日焼け止めなどからも検出されました。

化粧品に関しては、一般の人でもチェックできるサイト**「表示名称、原料、処方例の検索ができる化粧品技術者のためのデータベースサイト　Cosmetic-Info.jp」（https://www.cosmetic-info.jp/）**があります。

このサイトの「化粧品表示名称」内の「表示名称」の項目にＰＦＡＳを示す**「フルオロ」**という文字を入力して検索すると、ＰＦＡＳを含んだ成分がリストアップされます。それぞれをクリックしていくと、中には「市販化粧品」まで触れたものもあり、そこを開くと具体的な商品名がわかります。ファンデーションからマニキュア、口紅、日焼け止め、などなどです。人気のベストセラー製品も出てくるので、驚きもあります。

化粧品は直接肌に塗りますし、口紅やファンデーションなどは口から体内に入ることもあって、気をつけるべきでしょう。

商品を購入する際は、まず上述のサイトなどで調べてみましょう。化粧品の場合は、製品の成分表示はパッケージに書かれ、ホームページなどでもきちんと明記しているはずなので、そこに**「フルオロ」の文字がないこと**を確認することができます。ただし、**「フルオロフロゴパイト」という成分は無機フッ素化合物であり、PFASではありません。**

「防汚」の便利さは、もうあきらめる

カーペットなどは、汚れにくくするためにはっ水加工を施すことが「当たり前」となっています。実際、水をこぼしてもカーペットの表面で液体がぷっくりと玉になる。それを布巾で拭くだけでまったく濡れません。

ものによっては、「はっ水」だけでなく「防汚」と書かれているものもあって、使う側としては、ついつい買いたくなってしまいます。でも、こうした商品は「フッ素樹

米国カリフォルニア州の18の保育所のカーペット、29サンプルに含まれていたPFASの調査

子どもたちが寝転がることが多いカーペットもPFAS加工されていることも。

ND：非検出

	中央値	最小値と最大値
PFPrS	0.05	NDa-13.7
PFBS	0.53	0.06-280
PFPeS	0.05	ND-3.73
PFHxS	1.31	ND-18.1
PFHpS	0.07	ND-2.74
PFOS	**2.32**	**0.18-298**
PFNS	0.06	ND-0.35
PFDS	0.24	ND-30.0
PFBA	8.09	ND-858
他のPFASも含めたPFASの合計	505	32.2-8500

	中央値	最小値と最大値
PFPeA	4.62	0.14-115
PFHxA	10	ND-91.0
PFHpA	2.22	ND-79.9
PFOA	**6.13**	**1.32-178**
PFNA	2.7	0.26-85.6
PFDA	0.96	ND-53.0
PFUnDA	1.48	ND-40.2
PFDoDA	0.59	ND-22.4
PFTrDA	0.57	0.26-11.0

出典：Wu Y, Romanak K, Bruton T, Blum A, Venier M. Per- and polyfluoroalkyl substances in paired dust and carpets from childcare centers. *Chemosphere*. 2020 Jul;251:126771. doi: 10.1016/j.chemosphere.2020.126771. Epub 2020 Apr 12. PMID: 32359999.

脂加工」が施されたものがあり、ほぼPFASを使用しています。

海外ではカーペットから検出された報告がいくつかあります。米国カリフォルニア州にある18の保育所のカーペットを測定したところ、PFASを検出しています。

子どもやペットなどはカーペットによく寝転がったりしますし、カーペットに落ちたものを口にしたりもします。

このほか、テーブルクロスや

ランチョンマット、ブラインドなど、「汚れにくい」とうたっている製品はフッ素樹脂加工のものが多い。手の脂がつきにくいスマホのフィルムもフッ素系がありますので、そうした商品を買う際に検討する必要があるでしょう。

防水スプレーや殺虫剤もＰＦＡＳ入りがある

防水スプレーは、**フッ素樹脂系**と**シリコン**系の２種類があり、ラベルを見ればたいていどちらかが書かれています。

フッ素樹脂系の防水スプレーにはＰＦＡＳが含まれているという調査報告がされています。自主規制前の古い時代のはっ水スプレーは特にＰＦＯＳ、ＰＦＯＡ濃度が高かったです。

スプレーから噴射されるエアロゾル（気体と個体の混合体）を直接吸い込めば、含まれている量のＰＦＡＳはそのまま入ってくることになります。**使うなら、シリコン**

日本の2009年までの一般用のはっ水スプレー、コーティング剤などに含まれていたPFASの調査

製造された時期により、車・衣料品用のスプレーでも様々なPFASが含まれていた。

製品	車用コーティング剤						
購入年	1981-89	2006	2006	2006	2006-7	2006-7	2006
サンプル番号	B1	B2	B3	B4	B5	B6	B7
PFOA	非検出	非検出	非検出	非検出	非検出	非検出	非検出
PFNA	非検出	非検出	非検出	非検出	非検出	5400	非検出
PFDA	非検出	非検出	非検出	非検出	非検出	非検出	非検出
PFUnDA	非検出	非検出	非検出	非検出	非検出	1500	非検出
PFDoDA	非検出	非検出	非検出	非検出	非検出	非検出	非検出
PFTrDA	非検出	非検出	非検出	非検出	非検出	400	非検出
PFTeDA	非検出	非検出	非検出	非検出	非検出	非検出	非検出
PFHxDA	非検出	非検出	32±15	非検出	非検出	非検出	非検出
PFOcDA	非検出	非検出	非検出	非検出	非検出	非検出	非検出
PFBS	非検出	非検出	非検出	非検出	非検出	非検出	非検出
PFHxS	非検出	非検出	非検出	非検出	非検出	非検出	非検出
PFOS	非検出	非検出	非検出	非検出	非検出	非検出	非検出
PFDS	非検出	非検出	非検出	非検出	非検出	非検出	非検出
MeFOSE	非検出	非検出	非検出	非検出	非検出	非検出	非検出
EtFOSE	非検出	非検出	非検出	非検出	非検出	非検出	非検出
PFHxPA	非検出	非検出	非検出	非検出	非検出	非検出	非検出

製品	衣料品用のはっ水スプレー								
購入年	2006-7	2006-7	2006-7	2006	1990-95	2006	2006	2006-7	2006
サンプル番号	A1	A2	A3	A4	A5	A10	A11	A12	A13
PFOA	非検出	36±15	非検出	非検出	非検出	非検出	非検出	非検出	非検出
PFNA	非検出	非検出	非検出	非検出	21±9.2	非検出	非検出	23±19	非検出
PFDA	非検出	28±16	非検出	非検出	非検出	非検出	非検出	非検出	非検出
PFUnDA	非検出	非検出	非検出	非検出	非検出	非検出	非検出	20±0.63	非検出
PFDoDA	非検出	39±34	非検出	非検出	非検出	非検出	非検出	非検出	非検出
PFTrDA	非検出	非検出	非検出	非検出	非検出	非検出	非検出	非検出	非検出
PFTeDA	非検出	非検出	非検出	非検出	非検出	非検出	非検出	非検出	非検出
PFHxDA	非検出	非検出	非検出	非検出	非検出	非検出	非検出	非検出	非検出
PFOcDA	非検出	非検出	非検出	非検出	非検出	非検出	非検出	非検出	非検出
PFBS	非検出	非検出	非検出	非検出	非検出	非検出	非検出	非検出	非検出
PFHxS	非検出	非検出	非検出	非検出	非検出	非検出	非検出	非検出	非検出
PFOS	非検出	非検出	非検出	非検出	59±10	非検出	非検出	非検出	非検出
PFDS	非検出	非検出	非検出	非検出	非検出	非検出	非検出	非検出	非検出
MeFOSE	非検出	非検出	非検出	3600	110±1.2	非検出	非検出	非検出	非検出
EtFOSE	非検出	非検出	非検出	非検出	25000	非検出	非検出	非検出	非検出
PFHxPA	非検出	非検出	18±4.9	非検出	非検出	非検出	非検出	非検出	非検出

出典：Ye F, Zushi Y, Masunaga S. Survey of perfluoroalkyl acids (PFAAs) and their precursors present in Japanese consumer products. *Chemosphere*. 2015 May;127:262-8. doi: 10.1016/j.chemosphere.2015.02.026. Epub 2015 Mar 6. PMID: 25753850.

系にし、しかも使うときは換気のいいところで使用するのがよいでしょう。

殺虫剤では、アリを退治する商品が以前、ＰＦＡＳを使用していましたが、現在売られているタイプは別の成分です。また、南米ではまだアリ用殺虫剤にＰＦＡＳを使っていることもあります。そのため、海外から殺虫剤などを持ち帰らないことを心がけましょう。

家庭内のほこりから検出される

家庭内で使われている様々なものの中にも、ＰＦＡＳを含むものがあります。そういった製品からＰＦＡＳが少しずつはがれていくと室内のハウスダストに集まっていきます。

家庭内のハウスダストを分析するとＰＦＡＳが検出されますが、家庭ごとに大きな差があります。やはりＰＦＡＳを含む製品の利用が異なるからだと考えられます。ハウスダストは室内で舞っていれば吸い込むことがありますし、床を這うことが多い幼児が口にすることもあります。掃除や換気でほこりを取り除くこともＰＦＡＳを少なくする方策でしょう。

海外ではＰＦＡＳ製品に「ＮＯ」の波が

海外では、あふれるＰＦＡＳ製品を規制しようというムーブメントが起こっています。

たとえば、米国では、州によって化粧品のＰＦＡＳ添加を止めようという動きが顕著です。カリフォルニア州、コロラド州、メリーランド州、ワシントン州では使用を禁止する法案が通過し、25年から実施されます。また、オレゴン州でも法律が成立し、27年から実施する模様です。化粧品は身体に使うものなので、行政側もかなり厳しく対応しています。

他の製品も同様で、ニューヨーク州では23年12月からＰＦＡＳを使った衣料品の販売を禁止しています。カリフォルニア州でも、21年に食品包装での使用を禁止し、22年にはＰＦＡＳ使用の衣料品の販売を禁止する、それぞれの法案が成立しています。さらにミネソタ州では広範なＰＦＡＳの使用の規制法が２０２３年に成立しました。３Ｍ社の工場周辺で生まれたアマラ・ストランディさんが若くしてがんにかかり、規制法を訴えたことから「アマラ法」と呼ばれています。

　全米でもＦＤＡが業界に対して特定のＰＦＡＳを使用した食品包装加工を取りやめるように要請し、24年2月に達成されたことを発表しました。

　さらに各地でＰＦＡＳの排出源となった泡消火剤についても、米国政府は24年10月から、ＰＦＯＳやＰＦＯＡを含む旧来型の泡消火剤の使用をすべての米軍施設で禁止しました。現在は完全にＰＦＡＳを使用しない泡消火剤（Ｆ３）の開発に取り組んでいるようです。

ＥＵでも排除の動きが目覚ましいようです。焦げつき防止の調理器具やスキー用ワックス、化粧品、産業用製品といった１万種類以上のＰＦＡＳ製品の製造や販売、使用、それに輸入を制限する規制案が提出されており、将来的にはＰＦＡＳそのものを使わないという全廃の動きが起こっています。

企業サイドもこうした政府の動きに呼応して、米国高級スーパー「ホールフーズ・マーケット」は18年に有害な化学物質が含まれる包装材を店舗から排除すると発表し、ホームセンターの「ザ・ホーム・デポ」は19年にＰＦＡＳを使用したカーペットとラグの仕入れをやめる声明を出しています。半導体製造にはＰＦＡＳが使用されますが、iPhoneなどを製造するＡｐｐｌｅ（アップル）は段階的ではありますがＰＦＡＳ使用を廃止することを宣言しています。

前に触れたように、包装紙や容器でＰＦＡＳを使ってきたマクドナルドとバーガーキングは25年までにＰＦＡＳの使用を止めるとしていますし、イケアは16年から段階的にすべての家具や繊維製品、使い捨て食器からＰＦＡＳを除去していくと発表しました。

また、アウトドアブランド「パタゴニア」は25年までにＰＦＡＳ不使用の代替品に切り替える模様です。

今後ものを買う際は、そういったＰＦＡＳフリーを宣言するブランドや店から優先的に検討していくのもいいかもしれません。企業サイドから発信されるＰＦＡＳ関連のニュースは常にキャッチしていく必要がありますし、そのような製品を支持していく消費者がいることを示すことが企業のＰＦＡＳフリー化を支えることになります。

脱ＰＦＡＳの機運が盛り上がるか？

海外での動向を紹介しましたが、日本ではどうなのか、とても気になるところです。

日本ではＰＦＯＳとＰＦＯＡ、もう一つＰＦＨｘＳ（ペルフルオロヘキサンスルホ

ン酸）と呼ばれるＰＦＡＳの製造と輸入は禁止されていますが、それ以外のＰＦＡＳは今現在も使われています。

ＰＦＡＳはどれも化学構造が似ていて、ＰＦＯＳやＰＦＯＡと同様な影響や有害性が懸念されます。それを使うか使わないかは国や自治体が規制するのでなく、メーカー側に委ねられている状態なわけです。

グローバルなビジネスを展開するユニクロのファーストリテーリングや化粧品メーカーなど、一部の企業は脱ＰＦＡＳの対応を見せていますが、総じて動きが鈍いと言えます。

もっとも、海外でＰＦＡＳフリーが大きな流れになろうとしているだけに、それに巻き込まれながら、変わらざるを得ないのではないかと私は思っています。その対応が遅れれば、グローバル市場でも遅れを取ってしまうでしょう。ＰＦＡＳの規制をチャンスとして技術開発を進めることが求められるでしょう。

新たにわかった知見や開発された技術を結集
守りでなく、攻めのＰＦＡＳ対策に期待

ＰＦＡＳからいかに身を守るかという話をしてきましたが、最後にただ守るだけでなく、逆に攻めに転じられるかもしれないＰＦＡＳ対策を紹介します。

ＰＦＡＳを分解し、汚染された水と土を浄化させる

ＰＦＡＳを分解する技術はすでにあります。ただ、コストがかかることがネックとなっています。

ＰＦＡＳは塊としてあるわけではなく、10億分の１ｇに当たるng（ナノグラム）と

いうものすごく極小の単位で分散します。これを集めていくのが課題となっています。

ＰＦＡＳの塊である廃棄物の処分としては環境省は22年に分解処理の技術的な指針を公表しています。

ＰＦＯＳは８５０度以上、ＰＦＯＡは１１００度以上で焼却して、温度をしっかり管理すると、99・９９９％以上が分解できるとしています。これは最低限を保証するものなので、実際はもっと燃えてくれることを期待しています。

また、環境省では23年度から、汚染された地下水をくみ上げてろ過し、活性炭を通して浄化させる実証実験を沖縄県宜野湾市で始めています。

ＰＦＡＳの浄化に挑む実証実験としては、清水建設が21年度で汚染土壌を浄化させる試験に着手し、22年には沖縄で実証実験を試み、23年からは米国で試験を開始しています。こういった技術開発により、これ以上の汚染を食い止めることを期待したいです。よく使われる活性炭についても使用後に吸着したＰＦＡＳを分解することも重要です。吸着するだけではＰＦＡＳがなくならないため、分解させることが最終目標となるでしょう。

ＰＦＡＳを体外に排出できる薬がある？

個人にとっては体内に入り込んでしまったＰＦＡＳを減らすことも関心があると思います。摂取する量を減らせば長期的には減少することはわかっていますが10年単位の時間が必要です。高い摂取量であった方にとっては、早く体外に排出できればリスクを少なくできる可能性があります。前述した献血は一つの方法ですが、他にも可能性があります。

米国のデュポン社の工場周辺で行った健康調査では、特定の薬を飲んでいた人が飲

米国のデュポン社の工場周辺の住民の血中PFAS濃度とコレスチラミン服薬の関係

コレステロール値を下げる薬を服用している人は血中濃度が低かった。

平均血中PFAS濃度(ng/mℓ)	住民全体(56,554人)	コレスチラミン服薬している人(36人)
PFHxS	2.97	1.12
PFOA	32.91	23.76
PFOS	19.09	1.25
PFNA	1.36	0.51

出典：Ducatman A, Luster M, Fletcher T. Perfluoroalkyl substance excretion: Effects of organic anion-inhibiting and resin-binding drugs in a community setting. *Environ Toxicol Pharmacol*. 2021 Jul;85:103650. doi: 10.1016/j.etap.2021.103650. Epub 2021 Apr 2. PMID: 33819618.

んでいない人に比べて、ＰＦＡＳの血中濃度が低かったという報告があります。

　その特定の薬は**「コレスチラミン」「コレスチミド」**で、日本では**「コレバイン」**の名前で販売されています。この薬剤は腸の中で、コレステロールに似た物質を吸着させる機能を持っていて、コレステロール値を下げる効果のある薬です。報告ですと、コレバインを飲んでいる人はＰＦＯＳの濃度が７％ぐらいまでに減ったという結果があります。

　コレステロール値を下げる薬はいくつかあり、コレバインはそれほど一般的ではありませんが、医師が処方をする際の選択肢にしている薬でもあります。コレバインは体内の化合物を吸着させる効果があり、それがＰＦＡＳも体外に排出することには効果的のようです。

今後、研究が進めば、薬を使って体内に蓄積したＰＦＡＳを早く排出させることが可能となっていくかもしれません。

こうした技術や研究はまだまだ開発半ばですが、今後の進捗状況によっては具体的に実践される日もそう遠くないかもしれません。

ＰＦＡＳの大規模な汚染状況に、ただ憂いてばかりはいられません。人間の英知を結集していち早く問題を解決できるよう、様々な方策や試みを模索しながら、立ち向かっていかなければならないでしょう。

Part

4

PFAS問題に立ち上がった人たち

自分たちの身を守るためには自ら行動を起こすことが大切

全国各地でＰＦＡＳ問題が次々に明らかになる中、国や自治体には任せておけないと、各地域の住民が立ち上がってＰＦＡＳ問題に取り組もうとするムーブメントが起こっています。

ＰＦＡＳの血中濃度が高かった地域の医療機関では、ＰＦＡＳ専門の外来を設けたり、住民の必死の要請が自治体を動かし、住民の血液検査の実施や汚染期間の水道料の返還を勝ち取ったりと、成果を上げてきています。

ここでは、そんな「ＰＦＡＳ問題に立ち上がった人たち」を寄稿のスタイルで登場してもらうことにします。

東京・多摩地区で、全国に先駆けて「ＰＦＡＳ相談外来」を実施する

立川相互ふれあいクリニック医師　青木克明

東京の多摩地域は「美味しい水を飲みたい」という住民の希望もあって、水道水に地下水を使ってきました。ところが、場所によっては沖縄県より高いＰＦＡＳ濃度が検出されたことで、東京都では19年半ばから地下水の使用を止め、河川水に切り替えた経緯があります。

ただ、長年汚染水を飲んできた住民にとって、自分たちにどれだけの健康被害が及んでいるかが心配でした。そこで地域の代表や医療機関などが中心になって22年8月に**「多摩地域の有機フッ素化合物汚染を明らかにする会」**を立ち上げ、住民の血液検査の実施を京都大学に依頼しました。

血液検査は22年から23年にかけて、多摩地域に住む７９１人を対象に行いました（検査費用は京都大学の研究費と会の募金によって負担）。すると全体の46％に当たる３６５人が、ＰＦＯＡやＰＦＯＳなど4種類のＰＦＡＳ血中濃度の合計値が20ng／mℓを超えていたのです。米国科学・工学・医学アカデミーでは20ng／mℓを超すと健康被害が懸念され、臨床医が患者に精密検査をすすめるべきというガイダンスを発表しています。

PFAS相談外来では2つの検査が受けられる

そこで、ＰＦＡＳ濃度が高かった人の受け皿として誕生させたのが**「PFAS相談外来」**です。全国ではおそらく初の試みで、多摩地域の11の診療所が対応しました。

私が勤める、立川市にある「立川相互ふれあいクリニック」もその一つで、23年5月から週2回の予約制で相談外来を始めました（現在は受診者が減ってきたので月に数回程度）。

相談外来では、まず血液検査の結果をもとに現在の健康状態に関して問診を行います（無料）。そして希望すれば、新たな2つの検査が受けられます（有料）。ＰＦＡＳの影響で腎臓がんや甲状腺疾患のリスクが高まることがあるので、それを調べる検査です。

一つは腹部エコーです。超音波で右の腎臓から肝臓、すい臓、胆のう、そして左の腎臓を見るもので、所要時間は20～30分。検査後、すぐにその結果を説明します。もう一つが甲状腺刺激ホルモン（ＴＳＨ）の検査。値が高いと甲状腺の機能が低下していることがわかります。採血をし、その結果を翌日、電話で通知します。

どちらも有料となりますが、保険診療となるケースが多く、自己負担はそれほど高くなりません。

私が受け持った相談外来では腎臓がんは見つかりませんでしたが、甲状腺機能低下症で治療が必要となった人がいました。

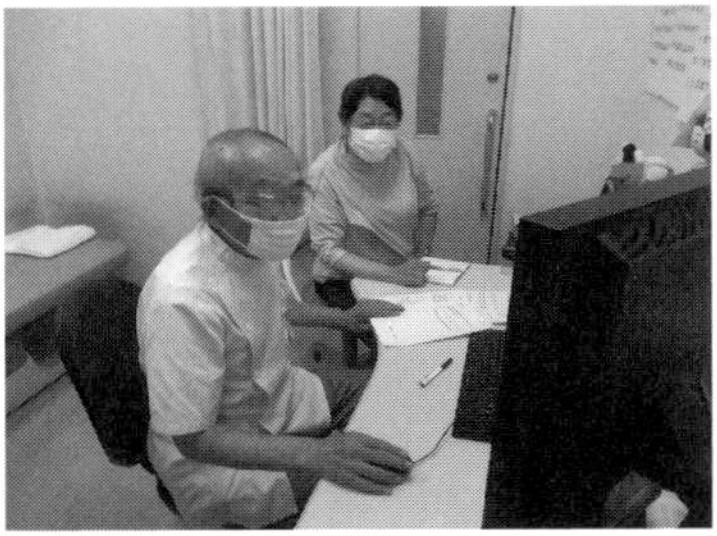

立川相互ふれあいクリニック・
PFAS相談外来を行う青木克明先生
（写真中央）

『PFASガイドブック』
（社会医療法人社団・健生会）

また、悪玉コレステロールと言われるＬＤＬコレステロール値が、生活改善が必要とされる１４０㎎／dℓを超えている人が治療中を含めて受診者の55％も占めていたのです。米国科学・工学・医学アカデミーが指摘した通り、脂質異常症です。痩せているし、食事も気をつけている人も該当し、**家族性の高脂血症も考えられますが、ＰＦＡＳの影響の可能性も否定できない**と感じました。

ちなみに、相談外来ではＰＦＡＳのことを詳しく知ってもらおうと、受診者全員に**「ＰＦＡＳガイドブック」**を配布しています。これはクリニックを運営する社会医療法人社団・健生会（立川市　電話０４２－５２３－２３７５）が作成した冊子で、連絡をいただければ、誰でも入手できますし、https://www.t-kenseikai.jp/honbu/post-3699/よりダウンロードすることも可能です。

各地のＰＦＡＳ相談外来と連携して、環境づくりを整備

日本ではＰＦＡＳの血液検査は研究用か、医療機関や企業、ＮＰＯといった団体からの依頼に対応していますが、個人の検査は受けつけていない状況です。ようやく、いくつかの検査機関ではＰＦＡＳ検査用の機器をそろえ、個人対応の体制を整えようとしています。

たとえば、病体生理研究所（東京・板橋区）では１日40検体の検査が可能です。多摩地区ではとりわけ国分寺市がこの取り組みに積極的な姿勢を見せています。

ただ、ネックとなるのが料金。現時点では１万円前後を個人で負担する必要があり、このままでは検査自体が広がっていかない。費用の公的補助が必要だと考えます。こ

うしたＰＦＡＳ検査が可能になれば、相談外来では３年後をめどに再検査を受けることをすすめています。

私も専門家会議の座長を務める、多摩地域の有機フッ素化合物汚染を明らかにする会は、24年５月に「多摩地域のＰＦＡＳ汚染から市民を守る会」と名称を改め、活動を強化していきます。

都に対しては、**浄水所での浄化装置の設置とともに、「住民の血液検査を都の責任で実施すること。自治体が独自に検査する場合は財政的支援を行って欲しい」**旨を強く要望をしています。

さらに会では、ＰＦＡＳ血液検査を実施した約10の地域と全国交流会を実施する計画です。各病院・診療所と連携してどこでも安心して相談が受けられる環境づくりを進めていこうと考えています。

私は19年まで、広島共立病院で被爆者医療を30年にわたって担当しました。その経験から**「ＰＦＡＳの被曝は原爆放射線被爆と同様の人権侵害」**と感じています。

ＰＦＡＳ汚染を３年間公表しなかった岐阜県各務原市に対して声を上げる

「環境・未来・各務原　ＰＦＡＳ汚染と市政を明らかにする会」代表　小川麻実

岐阜県各務原市は23年7月に、市民の半数に当たる約７万２０００人に水道水を供給している三井水源地の井戸から、国の暫定目標値50ng／ℓを大幅に超す濃度が検出されたと発表しました。

名古屋市や岐阜市にも近いベッドタウンでもある各務原市。問題となった水源地の東側には航空自衛隊岐阜基地があり、基地周辺からは高濃度のＰＦＡＳが検出されていることを考えると、おそらく汚染源は基地ではないかと思われています。

記者会見での突然の発表に、私を含め三井水源地の区域内の市民は驚かされましたが、もっと驚いたのが、20年11月の水質検査ですでに市は超過を把握していたにもかかわらず、3年もの間公表していなかったこと。そして、市が自らの判断で記者会見を行ったのではなく、岐阜県から行政指導を受けて急遽行ったことでした。

この一連の市の対応に激しい憤りを感じた私たち有志は、市の発表の2か月後に**「環境・未来・各務原　ＰＦＡＳ汚染と市政を明らかにする会」**を発足させました。

私自身は23年前から各務原市に家族で住み、自宅は三井水源地から8㎞ぐらいの距離。養護教諭として勤める県立高校も水源地の区域内にありました。ＰＦＡＳのことは個人的な勉強会で知っていたものの、「自分とは関係ない話」ととらえていました。まさか自分の身に降りかかってくるとは驚きでした。なにより驚いたのは、なにも知らされることもなく汚染された水を飲んでいたことです。

そこで、もっとＰＦＡＳのことを詳しく知ろうと、京都大学大学院准教授の原田浩二先生に講演を依頼しました。

署名活動を行って市へ要望書を提出する

私たちはまず、会のメンバーと情報共有を図るために10月から月1回ニュースレターを発行することにしました。また「公表しなかったことに対して、市長自らが市民に説明して欲しい」と市へ要望書を提出するための署名活動を始めました。

要望内容は、

1　水道基本料金の減免の実施。

2　浄水器の配布もしくは、購入した場合の補助。

3　希望する地域住民へのＰＦＯＳ及びＰＦＯＡの血中濃度測定の実施。

4　三井水源地対象地域への継続的な説明会の開催。

署名活動は24年2月まで行い、集まった１９０６人分の署名を添えた要望書を市に

要望書を礒谷均副市長に手渡す
小川麻実さん。

小川麻実さんの
署名活動の様子。

（提供：環境・未来・各務原　PFAS汚染と市政を明らかにする会）

提出しました。提出の際に対応したのは市長ではなく副市長で、水源地への見学は前向きに検討されましたが、要望内容に関しては色よい返事はもらえませんでした。

　こうした問題発覚に対して、幸いにも動いてくれたのが医療機関の連合体である岐阜民医連です。希望する市民を対象にした血液検査を23年10月から実施してくれました。その結果、三井水源地区域内に住む１００人はＰＦＯＳとＰＦＯＡの血中濃度の平均値は32・２ng／mℓ。市内のほかの水源地や岐阜市の市民に比べると２・４倍から２・８倍の濃度となり、分析された原田先生から「やはり汚染された水道水の影響だと思われる」というコメントをいただけました。

私自身は、４種類のＰＦＡＳを合わせた血中濃度が91・７ng／㎖と高い数値となりました。以前からＬＤＬコレステロールの数値が高く、病院では家族性の高脂血症かと言われていましたが、最近、病院で受けた血液検査の結果、甲状腺ホルモンの異常も新たにわかりました。原田先生のご指摘通り、水道水が影響していたのかもしれません。

24年1月から岐阜市のみどり病院で始まった「ＰＦＡＳ相談外来」で健康面の相談をしようと思っています。

市との双方向のコミュニケーションを望む

では、市側はどのような対応をしたのかといいますと、23年7月の発表後、まず8

月に三井水源地の区域内にある幼稚園、保育所や小中高校およそ50施設の水道蛇口に７００個ほどの浄水器を設置しています（ただし、24年３月末にはすべて撤去されました）。

また、三井水源地で暫定的な活性炭による浄化システムの設置工事を10月に完成と迅速な対応をした点は評価できますが、県からの行政指導ではなく、市が問題意識を早くに持って対応していたら、もっと以前に対応できたかもしれません。

ただ、活性炭の交換費用は24年度だけで最大３億円かかると言われており、私たちはそれが水道料金にはね返るのが心配です。なにより気がかりなのが**要望書に対する市の対応。切に希望した、市民説明会の実施の目途が立っていない点に不満を募らせています。**

市は、ホームページで随時情報を公開していると取り合ってくれません。しかし、それは一方通行の情報伝達です。やはりしっかりと顔を合わせ、双方向で意見をやりとりできる場をぜひ設けて欲しいと思っています。

会では水質だけでなく土壌の検査も必要と考え、独自に検査機関に依頼して航空自衛隊基地周辺の土壌検査を行う予定です。

別に、公共サービスだからといって、市民をお客さんとして扱ってくれなくても構いません。きちんと市民と向き合い、市民のことを考える姿勢を見せて欲しい。

おそらく、そうした市の姿勢が市民にとって「住みやすい町」と「住みにくい町」、ひいては「住みたい町」と「住みたくない町」を判断する決め手となるのではないでしょうか。

しがらみのない移住者が率先して動き町民の血液検査と水道料金の返還を勝ち取る

「円城浄水場ＰＦＡＳ問題有志の会」代表　小倉博司

岡山県の中央部に位置して、「岡山のへそ」と言われる岡山県吉備中央町。主たる産業が農業という、のどかで自然豊かな町がいきなり、ＰＦＡＳ問題の渦中に巻き込まれてしまいました。

ことの発端は23年10月16日。町内放送（各家庭に設置しているスピーカーからの臨時放送）やチラシで「明日、住民説明会を開く」と知らされ、説明会に行くと「公民館に給水所を設けるので、水道は使わないでほしい」と言われたのです。

詳しく聞けば、町の５２０世帯、約１０００人に飲み水を供給している円城《えんじょう》浄水場で、22年までの3年間に国の暫定目標値の16倍から28倍の濃度が検出されていたとのこと。そのときはＰＦＡＳという言葉でなく、有機フッ素化合物と言っていましたが、なんのことやらチンプンカンプンでした。

ただ、安心して飲めるのが当たり前な水道が使えないと知り、これは大変なことが起きたと感じました。結局、給水所の暮らしは１か月間以上続くことになりました。

水質検査の結果を3年間公表しない町に不信感を抱く

もっと驚いたのは、３年前から濃度が高いのがわかっていながら町民に公表をしていなかったことです。さらに、21年からＰＦＡＳの検査を開始したと町は発表していましたが、会のメンバーが日本水道協会のホームページで確認すると、20年から検査を始めていて数値は「1ng／ℓ」となっていました。町にすぐさま確認すると、実際は８００ng／ℓを検出していたのに、数字を変えていたのが発覚したのです。

町への不信感、そしてＰＦＡＳによる健康不安を募らせた私たちは有志とともに、説明会の3日後から、浄水場区域内の住民への血液検査の実施と3年間の水道料金の返還を求める署名活動を始めました。

ちなみに、私は地元で生まれたものの40年間岡山市に住み、定年退職した11年前に吉備中央町に戻ってきた、言わば移住者です。地方の町となると、役場や住民とのつながりが濃く、いろいろとしがらみがあって思うように行動できない場合が往々にしてあります。でも、こうした「緊急時」は私のようなしがらみのない移住者が先頭に立って行動できるものです。

京都大学に直談判して血液検査を実施させる

1038名の署名を集めた私たちは、11月10日に町長に提出しました。事前にマスコミに連絡を入れていたお陰で、この模様はテレビや新聞などでも取り上げられ、「町は重く受け止めた」ようです。

ただ、11月の頭に開催された第2回説明会では、町は血液検査の実施に後ろ向きでした。これは自分たちで動かなければらちが明かないと思い、京都大学名誉教授の小泉昭夫先生に直接連絡し、調査をお願いしました。

11月末に小泉先生が町にいらっしゃって、岡山協立病院の協力で27人の採血をし、京都大学の原田浩二先生が分析したところ、27人全員が米国科学・工学・医学アカデミーの設けたガイドラインの20ng／mℓを超える数値でした。

これは町に対してさらなるプレッシャーをかけなければならないと思い、12月に会で記者会見を開き、血液検査の結果を深刻に受けとめなければいけない旨を発表しました。すると、ようやく町長から「しっかり受け止め、住民の思いに沿ったことをやりたい」というコメントを引き出せました。

活性炭使用の事業者責任を明確にする法規制が急務

そうした会と町とのやり取りを行っている最中の11月初頭に、「使用済み活性炭の放置」が新聞報道で知らされたわけです。まさに寝耳に水でした。

どういうことかと言うと、円城浄水場が取水する河平ダムに流れ込む沢の最上流部を岡山県が調査すると、６万２０００ng／ℓと高濃度が確認され、その約１００ｍ北の資材置き場に使用済みの活性炭が大型梱包袋（フレコンバッグ）に入って置かれていたのです。

フレコンバッグは、福島原発事故で汚染土を詰めたあの黒い袋です。数にすると５８０個あまり。野ざらしになっていたので、袋が破れ、中の活性炭がむき出しになったものもありました。県が立ち入り調査をしてサンプル採取して分析すると、最高で４５０万ng／ℓと桁違いの数字を示しました。ここからＰＦＡＳが浸み出て、浄水場

円城浄水場そばの資材置き場に置かれていた使用済み活性炭が入ったフレコンバッグ。一部は袋が破れ、むき出しになっているものもあった。
(提供:円城浄水場PFAS問題有志の会)

を汚染したのではないかと推測できます。

いつもクルマを走らせながら、道路脇に置かれていたフレコンバッグを見ていましたので、まさか中にＰＦＡＳが入っていたとは驚きでした。

吉備中央町には活性炭メーカーの満栄工業という企業があります。同社は町の財産区の土地約３０００㎡を資材置き場として借りて、08年ごろから使用済みの活性炭を「保管」していたようです。

報道後、すぐさま撤去され、資材置き場の賃貸契約も24年3月末で解除されました。

当初、満栄工業側は、使用済み活性炭は再利用が可能な有価物として主張していましたが、岡山県では長年放置された状態だったことで産業廃棄物として認定。保管場所を示す掲示板や囲いが設置されていなかったなど、廃棄物処理法の基準に違反するとして文書による行政指導をしました。

町としては弁護士を立てて、賠償問題に発展させていくようです。

ただ、これで終わりとは言えません。肝心なのは、そもそも活性炭を使用していた企業がどこなのかということ。そこまで解明しないと問題の解決に至らないと私たちは考えています。

こうした**「活性炭禍」はなにも吉備中央町だけの話ではなく、全国で進んでいる可能性があります。**今後、ＰＦＡＳ対策がより積極的となると、使用済み活性炭の量も比例して増えていきます。どう保管し、処理していくべきなのか、課題は山積していると言えます。

まずはＰＦＡＳが有毒物であるときちんと認定し、扱う企業の事業者責任でしっかり対応する法規制を早い時期に整えるべきでしょう。

3年分の水道料金の返還と血液検査の実施を勝ち取る

町は24年2月から、円城地区の住民に対して3年分の水道料金の一括返還を始めました。また、３月に開かれた吉備中央町議会で、24年度の予算案に住民の健康への影響を調査するための費用６１２０万円を計上し、**全国に先駆けて自治体が行う血液検査の実施を宣言しました。**

自分の身を、そして家族の身を守らなければならないと、多くの町民も巻き込んで要望を訴え、声を上げたことが一つの成果につながったと思っています。

おわりに

ＰＦＡＳの汚染は氷山の一角が見えただけ 行政、企業によるＰＦＡＳ汚染対策を推し進めるのは生活者の声です

02年からＰＦＡＳの調査と研究を始め、全世界的に広がった汚染状況や被害の大きさが徐々に明らかになってきました。日本ではこの数年で注目が高まりましたが、私たちはまだそのほんの一部しかとらえることができていないと言えます。

長年産業界で重宝され、様々な製品、製造工程に使われてきたＰＦＡＳは私たちの予想を上回る勢いで世界中に拡散し、水や土といった環境を汚染していきました。実際に、どんなＰＦＡＳがどれくらいの量使われたのか、それがどこを汚染し、また新たな場所を汚染しようとしているのか、正確にわかっている人はまだ誰もいません。

そうした「永遠の化学物質」であるＰＦＡＳは、分解されることなく今もなお広が

り続け、いつしか人間の生活の中まで影響を及ぼしていくのです。
　これまで便利さの追求の中でＰＦＡＳを使ってきた過去の負債に直面しているわけです。これは過去の話に留まらず、現在進行形の話でもあるのです。というのも、環境にずっと残留するとわかっていながら、まだまだ様々なＰＦＡＳが使われ続けているからです。

　欧州や米国ではようやくＰＦＡＳをまとめて対処しようという動きが起こっています。日本では残念ながら、追随するというより、情勢を様子見し、対応をできるだけ先送りしようとしているスタンスにみえます。欧州のＰＦＡＳ規制への反対表明も多く、個人を除く４０９０件のパブリックコメントのうち、日本が９２４件で２番目に多かったようです。これには日本経済団体連合会（経団連）、経済産業省製造産業局素材産業課課長名でのコメントまでがあり、規制に消極的な姿勢が現れているとも言えます。

こうした流れをチェンジさせ、対策を加速させるのは、みなさんの力だと私は考えています。

ＰＦＡＳを製造し、販売するのは企業であり、規制は行政、政治により行われ、なかなか市民が関われないように思われるかもしれません。しかし生活者一人ひとりが、製品にどういったものが使われているのか、しっかりと目を向けていく。そうした中でＰＦＡＳが本当に必要でない、それなのにＰＦＡＳを使っている製品に対しては「いらない」という意思を示し、選択をしていく。それがみなさん生活者の役割ではないでしょうか。

「PFASを使ったものは選びたくない」

「PFASを使うことは良くない」

そうした声を上げていくことで、企業側も選ばれないものはつくらなくなっていきます。

大切な水の検査も依然、不十分な状況です。また、**水以外においては調査がほとん**

どなされていません。国や自治体、議員に働きかけ、動かしていくのは、やはりみなさんの声しかないのです。

海外でのＰＦＡＳ規制の流れは、いずれ日本にも及ぶことになるでしょう。多くの企業は米国や欧州でも取引がある以上、それらの規制に対応していかざるをえません。そうした流れにただ乗っかっていくだけでなく、日本の生活者としてのアクションも求められています。23年は各地の市民の活動がありました。そのことによりＰＦＡＳ問題への対応を動かしてきています。

生活者として様々な関わり方があると思います。みなさんの選択と行動が社会を変えることができると信じています。

私も、そうした未来をぜひとも見てみたいと願っていますし、研究者として市民による科学的な調査に協力していきたいと考えております。

２０２４年５月　京都大学にて　　原田浩二

参考文献

Part 1

『PFASガイドブック』監修：小泉昭夫、原田浩二（社会医療法人社団・健生会PFAS専門委員会発行）

『これでわかるPFAS汚染　暮らしに侵入した「永遠の化学物質」』編著：原田浩二（合同出版発行）

https://www.iarc.who.int/news-events/iarc-monographs-evaluate-the-carcinogenicity-of-perfluorooctanoic-acid-pfoa-and-perfluorooctanesulfonic-acid-pfos/（2023.12.1）

第２回PFASに対する総合戦略検討専門家会議資料 資料1-2
PFOS、PFOAの国内の検出状況 p4
https://www.env.go.jp/content/000140359.pdf（2023.3.28）

PFOS、PFOA に関するQ&A集
https://www.env.go.jp/content/000150400.pdf(2023.7)

Part 2

Harada K, Inoue K, Morikawa A, Yoshinaga T, Saito N, Koizumi A. Renal clearance of perfluorooctane sulfonate and perfluorooctanoate in humans and their species-specific excretion. *Environ Res*. 2005 Oct;99(2):253-61. doi: 10.1016/j.envres.2004.12.003. Epub 2005 Jan 18. PMID: 16194675.

Gasiorowski R, Forbes MK, Silver G, Krastev Y, Hamdorf B, Lewis B, Tisbury M, Cole-Sinclair M, Lanphear BP, Klein RA, Holmes N, Taylor MP. Effect of Plasma and Blood Donations on Levels of Perfluoroalkyl and Polyfluoroalkyl Substances in Firefighters in Australia: A Randomized Clinical Trial. *JAMA Netw Open*. 2022 Apr 1;5(4):e226257. doi: 10.1001/jamanetworkopen.2022.6257. PMID: 35394514; PMCID: PMC8994130.

van Gerwen M, Colicino E, Guan H, Dolios G, Nadkarni GN, Vermeulen RCH, Wolff MS, Arora M, Genden EM, Petrick LM. Per- and polyfluoroalkyl substances (PFAS) exposure and thyroid cancer risk. *eBioMedicine*. 2023 Nov;97:104831. doi: 10.1016/j.ebiom.2023.104831. Epub 2023 Oct 24. PMID: 37884429; PMCID: PMC10667111.

Winquist A, Steenland K. Perfluorooctanoic acid exposure and thyroid disease in community and worker cohorts. *Epidemiology*. 2014 Mar;25(2):255-64. doi: 10.1097/EDE.0000000000000040. PMID: 24407430.

Barry V, Winquist A, Steenland K. Perfluorooctanoic acid (PFOA) exposures and incident cancers among adults living near a chemical plant. *Environ Health Perspect*. 2013 Nov-Dec;121(11-12):1313-8. doi: 10.1289/ehp.1306615. Epub 2013 Sep 5. PMID: 24007715; PMCID: PMC3855514.

Costello E, Rock S, Stratakis N, Eckel SP, Walker DI, Valvi D, Cserbik D, Jenkins T, Xanthakos SA, Kohli R, Sisley S, Vasiliou V, La Merrill MA, Rosen H, Conti DV, McConnell R, Chatzi L. Exposure to per- and Polyfluoroalkyl Substances and Markers of Liver Injury: A Systematic Review and Meta-Analysis. *Environ Health Perspect*. 2022 Apr;130(4):46001. doi: 10.1289/EHP10092. Epub 2022 Apr 27. PMID: 35475652; PMCID: PMC9044977.

Steenland K, Tinker S, Frisbee S, Ducatman A, Vaccarino V. Association of perfluorooctanoic acid and perfluorooctane sulfonate with serum lipids among adults living near a chemical plant. *Am J Epidemiol*. 2009 Nov 15;170(10):1268-78. doi: 10.1093/aje/kwp279. Epub 2009 Oct 21. PMID: 19846564.

Steenland K, Zhao L, Winquist A, Parks C. Ulcerative colitis and perfluorooctanoic acid (PFOA) in a highly exposed population of community residents and workers in the mid-Ohio valley. *Environ Health Perspect*. 2013 Aug;121(8):900-5. doi: 10.1289/ehp.1206449. Epub 2013 Jun 4. PMID: 23735465; PMCID: PMC3734500.

Kato S, Itoh S, Yuasa M, Baba T, Miyashita C, Sasaki S, Nakajima S, Uno A, Nakazawa H, Iwasaki Y, Okada E, Kishi R. Association of perfluorinated chemical exposure in utero with maternal and infant thyroid hormone levels in the Sapporo cohort of Hokkaido Study on the Environment and Children's Health. *Environ Health Prev Med*. 2016 Sep;21(5):334-344. doi: 10.1007/s12199-016-0534-2. Epub 2016 Apr 30. PMID: 27137816; PMCID: PMC5305986.

Oh J, Shin HM, Nishimura T, Rahman MS, Takahashi N, Tsuchiya KJ. Perfluorooctanoate and perfluorooctane sulfonate in umbilical cord blood and child cognitive development: Hamamatsu Birth Cohort for Mothers and Children (HBC Study). *Environ Int*. 2022 May;163:107215. doi: 10.1016/j.envint.2022.107215. Epub 2022 Mar 28. PMID: 35378444.

Grandjean P, Andersen EW, Budtz-Jørgensen E, Nielsen F, Mølbak K, Weihe P, Heilmann C. Serum vaccine antibody concentrations in children exposed to perfluorinated compounds. *JAMA*. 2012 Jan 25;307(4):391-7. doi: 10.1001/jama.2011.2034. Erratum in: JAMA. 2012 Mar 21;307(11):1142. PMID: 22274686; PMCID: PMC4402650.

Dalsager L, Christensen N, Halekoh U, Timmermann CAG, Nielsen F, Kyhl HB, Husby S, Grandjean P, Jensen TK, Andersen HR. Exposure to perfluoroalkyl substances during fetal life and hospitalization for infectious disease in childhood: A study among 1,503 children from the Odense Child Cohort. *Environ Int*. 2021 Apr;149:106395. doi: 10.1016/j.envint.2021.106395. Epub 2021 Jan 25. PMID: 33508532.

Whitworth KW, Haug LS, Baird DD, Becher G, Hoppin JA, Skjaerven R, Thomsen C, Eggesbo M, Travlos G, Wilson R, Longnecker MP. Perfluorinated compounds and subfecundity in pregnant women. *Epidemiology*. 2012 Mar;23(2):257-63. doi: 10.1097/EDE.0b013e31823b5031. PMID: 22081060; PMCID: PMC3276687.

佐藤愛佳, 佐藤楓夏, 水川葉月, 池中良徳, 田上瑠美, 横山望, 滝口満喜, 中津賞, 野見山桂. コンパニオンアニマルのPFAS 汚染:イヌ・ネコの種差要因と汚染の地域差. 環境化学物質3 学会合同大会(徳島;2023 年)

Part 3

Fujii Y, Harada KH, Koizumi A. Occurrence of perfluorinated carboxylic acids (PFCAs) in personal care products and compounding agents. *Chemosphere*. 2013 Sep;93(3):538-44. doi: 10.1016/j.chemosphere.2013.06.049. Epub 2013 Aug 6. PMID: 23932147.

how SJ, Ojeda N, Jacangelo JG, Schwab KJ. Detection of ultrashort-chain and other per- and polyfluoroalkyl substances (PFAS) in U.S. bottled water. *Water Res*. 2021 Aug 1;201:117292. doi: C 10.1016/j.watres.2021.117292. Epub 2021 May 27. PMID: 34118648.

Soleman SR, Li M, Fujitani T, Harada KH. Plasma eicosapentaenoic acid, a biomarker of fish consumption, is associated with perfluoroalkyl carboxylic acid exposure in residents of Kyoto, Japan: a cross-sectional study. *Environ Health Prev Med*. 2023;28:38. doi: 10.1265/ehpm.22-00302. PMID: 37344401; PMCID: PMC10287988.

Luo, L., Kim, MJ., Park, J. et al. Reduction of perfluorinated compound content in fish cake and swimming crab by different cooking methods. *Appl Biol Chem* 62, 44 (2019). https://doi.org/10.1186/s13765-019-0449-x

農林水産省消費・安全局. PBDE 類及び PFC 類のトータルダイエットスタディ. 第108回日本食品衛生学会学術講演会,(2014.12)
https://www.maff.go.jp/j/syouan/seisaku/papers_posters/pdf/108th_eisei3.pdf

環境省. 平成29年度版　化学物質と環境. モニタリング調査.
https://www.env.go.jp/chemi/kurohon/2017/sokutei/pdf/03_03_15.pdf
https://www.env.go.jp/chemi/kurohon/2017/sokutei_monita.html

Genualdi S, Beekman J, Carlos K, Fisher CM, Young W, DeJager L, Begley T. Analysis of per- and poly-fluoroalkyl substances (PFAS) in processed foods from FDA's Total Diet Study. *Anal Bioanal Chem*. 2022 Jan;414(3):1189-1199. doi: 10.1007/s00216-021-03610-2. Epub 2021 Aug 26. PMID: 34435208.

Borg, Daniel, and Jenny Ivarsson. "Analysis of PFASs and TOF in products." *Nordic Council of Ministers*. 2017.

Xia C, Diamond ML, Peaslee GF, Peng H, Blum A, Wang Z, Shalin A, Whitehead HD, Green M, Schwartz-Narbonne H, Yang D, Venier M. Per- and Polyfluoroalkyl Substances in North American School Uniforms. *Environ Sci Technol*. 2022 Oct 4;56(19):13845-13857. doi: 10.1021/acs.est.2c02111. Epub 2022 Sep 21. PMID: 36129192; PMCID: PMC9535897.

高澤嘉一 市販製品から抽出されるフルオロアルキル化合物 . 第16回環境化学討論会（北九州 , 2007年）

Dueñas-Mas MJ, Ballesteros-Gómez A, de Boer J. Determination of several PFAS groups in food packaging material from fast-food restaurants in France. *Chemosphere*. 2023 Oct;339:139734. doi: 10.1016/j.chemosphere.2023.139734. Epub 2023 Aug 4. PMID: 37544525.

Wu Y, Romanak K, Bruton T, Blum A, Venier M. Per- and polyfluoroalkyl substances in paired dust and carpets from childcare centers. *Chemosphere*. 2020 Jul;251:126771. doi: 10.1016

Ye F, Zushi Y, Masunaga S. Survey of perfluoroalkyl acids (PFAAs) and their precursors present in Japanese consumer products. *Chemosphere*. 2015 May;127:262-8. doi: 10.1016/j.chemosphere.2015.02.026. Epub 2015 Mar 6. PMID: 25753850.

Ducatman A, Luster M, Fletcher T. Perfluoroalkyl substance excretion: Effects of organic anion-inhibiting and resin-binding drugs in a community setting. *Environ Toxicol Pharmacol*. 2021 Jul;85:103650. doi: 10.1016/j.etap.2021.103650. Epub 2021 Apr 2. PMID: 33819618.

著者 原田 浩二（はらだ・こうじ）

京都大学大学院医学研究科准教授。

専門は環境衛生学。京都大学大学院医学研究科助教、講師をへて2009年から現職。2002年に京都大学で小泉昭夫教授（現・名誉教授）の調査チームの一員としてPFAS汚染問題に取り組み、近年は国内各地の市民団体と協力しながらPFAS汚染の調査・研究に取り組む。

Staff

アートディレクション　尾崎文彦（tongpoo）
ブックデザイン　目黒一枝、島崎未知子（tongpoo）
編集協力　佐藤俊郎
編集制作　早草れい子（Corfu企画）

身近に潜む危険な有機フッ素化合物
水が危ない！ 消えない化学物質「PFAS」から命を守る方法

2024年5月20日　初版印刷
2024年5月30日　初版発行

著　者　　原田浩二
発行者　　小野寺優
発行所　　株式会社河出書房新社
〒162-8544　東京都新宿区東五軒町2-13
電話　03-3404-1201（営業）
03-3404-8611（編集）
https://www.kawade.co.jp/
印刷・製本　　株式会社暁印刷

Printed in Japan
ISBN978-4-309-29398-1

本書の内容に関するお問い合わせは、お手紙かメール（jitsuyou@kawade.co.jp）にて承ります。

恐縮ですが、お電話でのお問い合わせはご遠慮くださいますようお願いいたします。